服 务 设 计
SERVICE DESIGN
创造与改善服务体验
CREATE AND IMPROVE SERVICE EXPERIENCE

刘 星 主编

周妍黎 副主编

中国建筑工业出版社

图书在版编目（CIP）数据

服务设计：创造与改善服务体验 = SERVICE DESIGN–
CREATE AND IMPROVE SERVICE EXPERIENCE / 刘星主编；
周妍黎副主编. —北京：中国建筑工业出版社，2022.9
高等教育工业设计专业系列实验教材
ISBN 978-7-112-27871-8

Ⅰ.①服… Ⅱ.①刘… ②周… Ⅲ.①工业设计—高
等学校—教材 Ⅳ.①TB47

中国版本图书馆CIP数据核字（2022）第162967号

责任编辑：吴 绫 唐 旭
文字编辑：吴人杰 李东禧
责任校对：赵 菲

本书附赠配套课件，如有需求，请发送邮件至cabpdesignbook@163.com获取，并注明所要文件的书名。

高等教育工业设计专业系列实验教材
服务设计 创造与改善服务体验
SERVICE DESIGN–CREATE AND IMPROVE SERVICE EXPERIENCE
刘 星 主 编
周妍黎 副主编
*
中国建筑工业出版社出版、发行（北京海淀三里河路9号）
各地新华书店、建筑书店经销
北京锋尚制版有限公司制版
临西县阅读时光印刷有限公司印刷
*
开本：889毫米×1194毫米 1/16 印张：9¾ 字数：251千字
2022年9月第一版 2022年9月第一次印刷
定价：**66.00**元（赠教师课件）
ISBN 978-7-112-27871-8
（39816）

"高等教育工业设计专业系列实验教材" 编委会

总 序
FOREWORD

　　仅仅为了需求的话，也许目前的消费品与住房设计基本满足人的生活所需，为什么我们还在不断地追求设计创新呢？

　　有人这样评述古希腊的哲人：他们生来是一群把探索自然与人类社会奥秘、追求宇宙真理作为终身使命的人，他们的存在是为了挑战人类思维的极限。因此，他们是一群自寻烦恼的人，如果把实现普世生活作为理想目标的话，也许只需动用他们少量的智力。那么，他们是些什么人？这么做的目的是为了什么？回答这样的问题，需要宏大的篇幅才能表述清楚。从能理解的角度看，人类知识的获得与积累，都是从好奇心开始的。知识可分为实用与非实用知识，已知的和未知的知识，探索宇宙自然、社会奥秘与运行规律的知识，称之为与真理相关的知识。

　　我们曾经对科学的理解并不全面。有句口号是"中学为体，西学为用"，这是显而易见的实用主义观点。只关注看得见的科学，忽略看不见的科学。对科学采取实用主义的态度，是我们常常容易犯的错误。科学包括三个方面：一是自然科学，其研究对象是自然和人类本身，认识和积累知识；二是人文科学，其研究对象是人的精神，探索人生智慧；三是技术科学，研究对象是生产物质财富，满足人的生活需求。三个方面互为依存、不可分割。而设计学科正处于三大科学的交汇点上，融合自然科学、人文科学和技术科学，为人类创造丰富的物质财富和新的生活方式，有学者称之为人类未来"不被毁灭的第三种智慧"。

　　当设计被赋予越来越重要的地位时，设计概念不断地被重新定义，学科的边界在哪里？而设计教育的重要环节——基础教学面临着"教什么"和"怎么教"的问题。目前的基础课定位为：①为专业设计作准备；②专业技能的传授，如手绘、建模能力；③把设计与造型能力等同起来，将设计基础简化为"三大构成"。国内市场上的设计基础课教材仅限于这些内容，对基础教学，我们需要投入更多的热情和精力去研究。难点在哪里？

　　王受之教授曾坦言："时至今日，从事现代设计史和设计理论研究的专业人员，还是凤毛麟角，不少国家至今还没有这方面的专业人员。从原因上看，道理很简单，设计是一门实用性极强的学科，它的目标是市场，而不是研究所或书斋，设计现象的复杂性就在于它既是文化现象同时又是商业现象，很少有其他的活动会兼有这两个看上去对立的背景之双重影响。"这段话道出了设计学科的某些特性。设计活动的本质属性在于它的实践性，要从文化的角度去研究它，同时又要从商业发展的角度去看待它，它多变但缺乏恒常的特性，给欲对设计学科进行深入的学理研究带来困难。如果换个角度思考也许会有帮助，正是因为设计活动具有鲜明的实践特性，才不能归纳到以理性分析见长的纯理论研究领域。实践、直觉、经验并非低人一等，理性、逻辑也并非高人一等。结合设计实践讨论理论问题和设计教育问题，对建设设计学科有实质性好处。

对此，本套教材强调基础教学的"实践性""实验性"和"通识性"。每本教材的整体布局统一为三大板块。第一部分：课程导论，包含课程的基本概念、发展沿革、设计原则和评价标准；第二部分：设计课题与实验，以 3~5 个单元，十余个设计课题为引导，将设计原理和学生的设计思维在课堂上融会贯通，课题的实验性在于让学生有试错容错的空间，不会被书本理论和老师的喜好所限制；第三部分：课程资源导航，为课题设计提供延展性的阅读指引，拓宽设计视野。

本套教材涵盖工业设计、产品设计、多媒体艺术等相关专业，涉及相关专业所需的共同"基础"。教材参编人员是来自浙江省、江苏省十余所设计院校的一线教师，他们长期从事专业教学，尤其在教学改革上有所思考、勇于实践。在此，我们对这些富有情怀的大学老师表示敬意和感谢！此外，还要感谢中国建筑工业出版社在整个教材的策划、出版过程中尽心尽职的指导。

叶丹　教授
2018 年春节

前言
PREFACE

　　服务设计是设计类专业重要的核心拓展课程，是建立在系统、整合设计思维框架下新的设计范式，是目前国际设计教育发展和研究的新兴领域之一，也是全球"社会—生态—经济"发展急剧增长的矛盾需要寻求新的平衡点及产业结构变化（服务业居主导）背景下，设计学科发展（对象和问题的复杂化）的前沿成果之一。

　　在设计学领域，服务设计（Service Design）概念的正式提出可追溯到1991年出版的设计管理类著作"Total Design"，书中阐述了服务设计将在现代产业中发挥作用的理由。巧合的是，当时正值原无锡轻工业学院（现江南大学）和铁道部合作开展东风11准高速内燃机车的工业设计项目，1992年年底由中国科学技术协会主编的《工业设计发展战略与工业现代化》论文集中，项目主设计师刘观庆和周亚平发表的《良好开端 广阔前景——工业设计导入铁道系统势在必行》一文中，明确提出铁道运输系统要向旅客服务系统转化的重要观点，阐述以工业设计开展乘运设施的合理性、舒适性及出行方式的研究，以协调人、物、环境三者关系。2002年，德国科隆国际设计学院教授伯吉特·玛格应江南大学蒋氏基金会邀请，正式将"服务设计"引入中国，但当时并未引起学界关注。2005年，意大利米兰理工大学首开"产品服务系统设计（PSSD）"硕士专业方向，笔者有幸通过中意教育部马可波罗计划赴意大利学习。2008年学成回国，和江南大学原同事、米兰理工大学博士巩淼森在江南大学第一次开展服务设计工作坊教学。2015年和杭州市科技局、意大利Vinci Design Studio合作了"智慧城市服务设计"工作坊，并在本校正式开设服务设计课程。2016年在黄岩屿头乡以服务设计思维开展美丽乡村建设，项目入选浙江省美丽乡村示范基地。近年来，随着互联网和人工智能的快速发展，国内一些设计机构和高校陆续开展服务设计咨询和教学研究，服务设计组织DESIS和SDN相继在中国成立分支，服务设计越来越受到学界和业界关注，并呈现发展迅猛的态势，但国内该领域教材却少之又少。

　　本教材的编写强调实践性、实验性、通识性，内容上注重前沿理论与实践训练相结合。第一章的课程导论，讲述服务设计的缘起、发展及一些基本概念。第二章的设计课题与实训，结合丰富的案例对服务设计流程和工具做了详细阐述。第三章的资源导航，除了国内外的教学案例和实践案例分享，还有部分工具类模板及大量的网站资源索引。本书适用于设计类专业大三、大四以及准备考研的学生，也适用于设计从业人员，可作为教材或参考资料使用。

　　本教材第一章、第三章主要由刘星编写，第二章由刘星、周妍黎合作编写。本书的编写要感谢江南大学巩淼森教授、湖南大学张军教授的大力相助，感谢米兰理工大学周一苇、王莹、刘芊妤，丹麦科灵设计学院陈笑楚，杭州电子科技大学吴青衡，河海大学谭晓磊、林芷炫、赵浩然等同学参与相关信息和资料的收集工作，本书还要感谢潘荣、叶丹、周晓江三位主编的帮助，感谢中国建筑工业出版社编辑提供的支持和指导，本书的编写也得到杭州电子科技大学工业产品设计省级重点实验教学示范中心的支持，在此一并表示衷心的感谢！本书是对本人多年教学实践的阶段性总结，限于作者水平和学识有限，书中存在的缺点和不足之处，衷心期待读者批评指正。

刘星

2022 年 6 月

课时安排
TEACHING HOURS

■ 建议课时 48 / 64

章节	具体内容	课时
课程导论 （16 课时）	服务设计的缘起和发展	4
	服务设计的概念	
	服务设计的原则	8
	服务设计的分类	4
设计课题与实训 （48 课时）	服务设计工作原理	8
	服务设计工具	8
	服务设计课程实验	32
课程资源导航	优秀案例	课外学习
	服务设计工具类模板	
	网络资源导航	

目 录
CONTENTS

01

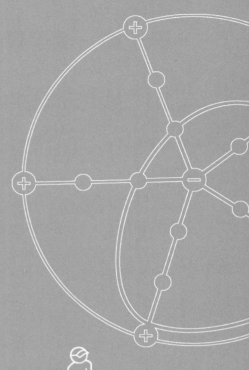

第 1 章 课程导论

第1章　课程导论

1.1　服务设计的缘起和发展

在今天错综复杂的全球环境下，社会、经济、产业规模不断扩大，日益复杂的需求和资源、环境的矛盾日趋尖锐，技术条件和营商环境的变化，"工业主导"转向"服务主导"的产业结构变化，社会形态的转变导致环境、经济、技术、商业、分配、伦理、价值之间重新寻求新的平衡关系，也必然导致生产方式、商业模式、生活方式的变化。在这种背景下，社会学、经济学、管理学、营销学、心理学、设计学等学科纷纷将关注焦点聚集到服务这个新兴的领域，为推动新的产业升级、社会创新和可持续发展提供理论、范式、模型、方法和工具。

随着1982年美国营销管理学家G·林恩·肖斯塔克（G. Lynn Shostack）第一次将设计和服务两个词联系在一起，到1991年英国设计管理学教授吉尔（Gill）和比尔·霍林斯（Bill Hollins）夫妇首次提出服务设计（Service Design）概念，再到同年德国科隆应用科技大学国际设计学院迈克尔·霍夫（Michael Erlhoff）教授第一次将"服务设计"作为一个设计研究方向引入设计教学，随后意大利米兰理工大学、美国卡耐基梅隆大学、辛辛那提大学、芬兰阿尔托大学、荷兰代尔夫特理工大学等越来越多的高校将服务设计纳入设计教育体系中，再到2001年第一家服务设计机构Live|work在英国成立，越来越多的诸如Engine、IDEO、31volts等欧美设计公司业务向服务设计领域拓展和延伸。2004年全球服务设计联盟（Service Design Network，简称SDN）的创立，越来越丰富、具有可操作性的服务设计方法和工具的开发，各类服务设计实践项目的开展，服务设计正以其年轻、崭新的专业形象，在推动世界经济、文化、环境、健康医疗、教育、公共事业等方面发挥着越来越重要的作用。

现代社会人们的需求越来越复杂和多样，今天我们越来越认识到，在价值链中用户关心的并不是企业究竟提供的是产品、服务或是其他，而是是否能够解决问题，过程中带来的效用和便利，良好的体验和感受。而服务设计思维和服务设计创新区别于其他设计的根本，就是设计的目标成果不再是物质化的产品，也不仅仅是非物质化的服务，而是链接物质与非物质的全链路的价值创造，以为人类社会创造价值与分享价值为主导。

服务设计引入设计学领域只不过短短二十多年的时间，还是一个年轻的学科。服务设计试图从服务模式创新、商业模式创新、服务体验创新等方面探讨如何使其在内容呈现及交互过程中使用者接触到的软硬件皆能让使用者感到便利和赏心悦目，并且在这个系统中的所有利益相关者都共同受益，从而引导人们构建健康的消费方式和生活方式，最终创造一个"互联、共享、友好、可持续"的社会。我国也以更加积极、开放、包容的姿态响应服务设计这一新兴领域所带来的机遇和挑战，通过服务设计教育、服务设计实践为美好生活和社会可持续发展作出探索和努力。

1.1.1 服务社会的形成

工业革命以来，"社会—生态—经济"急剧增长的矛盾亟需寻找新的平衡。随着社会生产力和人民物质生活水平的极大提高，大量生产、大量消费及大量废弃的大规模生产和泛物质主义模式使得全球生态遭到严重破坏。1972 年，全球智囊组织罗马俱乐部发表的"增长的极限"报告中指出："地球资源的供给是有限的，传统工业化的道路将导致全球性的人口激增、资源短缺、环境污染和生态破坏，使人类社会面临严重困境，现今的生活方式和生产方式按照既有趋势发展下去这个星球增长的极限会在今后 100 年内发生。"报告中首次提出了地球的极限和人类社会发展的极限的观点，对人类社会不断追求增长的发展模式提出了质疑和警告，因为当时正值西方经济发展的黄金时期，其论点因"冒天下之大不韪"而引起激烈争议。几十年过去了，世界范围内"社会—生态—经济"方面涌现的越来越复杂、难以应对的矛盾验证了报告的先见之明。约翰·萨卡拉（John Thackara）在《服务设计与创新实践》序言中提到一个纽约人平均每天大约需要 30 万卡才能支撑现代生活系统的运转，这是前工业时代人们维持基本生存所需能量的 60 倍，而这个数字还在进一步攀升。这种能源供应方式越来越难以适应不断加剧的经济增长的需求，有限的环境、资源的矛盾限制着传统的社会物质经济模式的进一步发展，走可持续发展道路逐渐成为世界各国共同的战略选择。在此背景下，政府、企业、消费者日益关注环境和社会伦理问题，低碳经济、可持续发展正在走入人们的生活，经济增长是否可以不过渡依赖于能源吞吐的方式进行？还有什么新的方式和替代方案能满足人们日常生活需求的增长？许多学者、经济学家、管理学家、决策者等都把注意力集中到了从基于产品的工业转向基于服务的工业上来。

人类社会发展到后工业化社会的重要特征。美国著名的社会学家和未来学家丹尼尔·贝尔（Daniel Bell）提出人类社会发展的三阶段理论，即："前工业社会、工业社会和后工业社会"，三种社会形态以共时性和历时性存在。丹尼尔·贝尔在 1973 年的《后工业社会的来临》一书中预测，在未来几十年，基于知识的服务将超过制造业务成为西方社会的增长引擎，并成为主要就业来源，到2000 年，贝尔的预言已成为现实。书中还指出后工业社会的特征就是以服务业为主导，在工业社会向后工业社会过渡的进程中，服务性经济呈现出以下几个不同阶段：第一阶段，工业社会的发展带来运输、公共事业等辅助性服务业的扩大，能源和物流大量增长，同时引起非制造业蓝领劳动力的增加。第二阶段，大规模商品消费和人口激增，使销售（批发和零售）、金融、保险和不动产行业大幅增长，白领阶层随之增加。第三阶段，物质的丰富和国民收入的增加，人们对耐用消费品（衣着、住房、汽车）、奢侈品和娱乐消费的需求不断增长，相应地催生了诸如餐饮、旅馆、汽车服务、旅游、娱乐、运动等服务部门的发展。同时，为延长人的寿命而发展健康医疗事业，为加强专业技术训练而发展教育事业。第四阶段，由于对服务业产生更多的要求，市场不能充分满足人们对较好环境、较好医疗健康与教育水平的需要，基于政府（全国和地方一级政府）的公共服务事业开始发展。贝尔还进一步分析了后工业社会的特征：一、从产品生产经济转变为服务性经济；二、专业技术人员成为产业主导；三、理论知识处于中心地位，成为社会革新和制定政策的源泉；四、对技术的发展进行鉴定和控制；五、创造新的"智能技术"。20 世纪中后期以来，世界主要发达国家的经济重心开始转向服务业，50年代，美国率先进入后工业时代。80 年代在经济全球化和信息化的推动下，全球产业结构在总体上呈现出由制造业为基础的"工业型经济"向以信息和知识为核心的"服务型经济"转变的总趋势，服务业在整个经济中所占的比重越来越大，地位也与日俱增。

全球经济发展的趋势。1960年，美国著名经济史学家、发展经济学的先驱人物华尔特·惠特曼·罗斯托（Walt Whitman Rostow）在《经济成长的阶段》中提出了"经济成长阶段论"，将社会的经济发展过程分为五个阶段，后在他的《政治和成长阶段》中又增加为六个阶段，该理论又被称为"罗斯托模型"、罗斯托起飞模型。这六个阶段分别为：传统社会阶段、起飞前准备阶段、起飞阶段、走向成熟阶段、高额群众消费阶段和追求生活质量阶段。在这几个阶段中，服务与服务产业的发展及其重要性由低向高递进。在传统社会阶段服务处于萌芽期；起飞准备阶段，社会商业化的逐步发展推动了服务业的发展；在起飞阶段，传统产业实现产业化，服务业飞速发展；进入成熟阶段，服务产业成为国民经济的主导产业；在高额群众消费阶段，人们的需求从物质需求转向服务需求，步入服务型社会。

我们日常生活的衣食住行，无时无刻不在消费某种服务产品，这些产品可能由零售业、交通运输业、旅游服务业、教育卫生服务、公共事业服务等不同行业领域提供。据世界银行统计数据显示，在美国和加拿大，服务业对GDP的贡献分别达到73%和67%，世界其他发达国家也是如此。过去30年，服务业为美国社会创造了5000余万个就业岗位，美国服务业的从业者也超过就业人数的70%，服务构成了现代社会经济发展的重要组成部分。随着服务业的地位和全球影响力与日俱增，人类社会正从一个由工业主导的社会逐步演化为一个以服务主导的社会，从而进入服务经济社会。

1.1.2 服务设计的提出

服务设计在设计学领域虽然还是一个新兴的话题，但是在营销学和管理学领域，随着新兴服务业的兴起早在20世纪80年代就被广泛关注。早期对服务设计的贡献来自于美国营销学家G·林恩·肖斯塔克（G. Lynn Shostack），她在《欧洲营销杂志》发表了一篇具有里程碑意义的论文"How to Design a Service"（1982年），文中探讨了产品、服务、人及其环境之间的关系，她将服务分为纯粹的实体产品、附带服务的实体产品、伴有产品的服务和纯粹的服务。1984年，她又在《哈佛商业评论》中发表"Designing Services That Deliver"，首次从营销学与管理学层面提出将有形的产品和无形的服务整合的服务设计概念。她所提出的服务蓝图（Service Blueprint）方法，以客观和明确的方式映射服务中的事件序列及其基本功能。这一方法直到现在都是一个被广泛应用的服务设计工具，服务蓝图实质上是客户旅程地图的扩展，详细说明在整个客户生命周期中与组织的所有物理与数字交互，它常常被理解为用工程管理理念，通过系统流程管理，改善和提高服务效率及利润率。此外，美国的史蒂芬·J·格罗夫（Stephen J. Grove）和雷蒙德·P·菲斯克（Raymond P. Fisk）在1983年提出"服务交互剧场模型"，以戏剧演出的概念描述服务接触的过程，其中包含四大要素——演员（服务者）、观众（顾客）、场景（提供服务的实体环境、前台、后台、设施）、表演（顾客与服务人员的人际互动），为服务设计研究提供了一个行之有效的行为模型，是对服务互动中体验影响因素的一种形象、生动的解读。美国营销学家斯蒂芬·瓦格（Stephen L. Vargo）和罗伯特·勒斯克（Robert F. Lusch）于2004年提出服务主导逻辑（Service-Dominant Logic，简称SDL），被视为对传统的商品主导逻辑（Product-Dominant Logic，简称PDL）的"反范式"挑战。在PDL模式下，企业被视为一个产品制造商，这就暗示了它将以销售自己生产的产品为手段以赚取更多的金钱，因此不愿意出售过多的商品几乎是没有逻辑可言的，这样会消耗大量的有形资源，更会造成环境的巨大污染。但在 SDL 模式下，商品实际上是提供服务的手段，消费者通常购买的是服务流程带来的便利和体验，而不仅仅是一个有形商品，企业需要去思考更为广阔的服务系统，并在交易中为服务制定合理的定价机制。SDL 注重生产者和消费者之间、其他供应和价值链协作者之间，在不断的互动过程中共同创造价值。SDL 阐明了服务设计的作用，以及服务设计的细节，它为服务设计创造服务创新提供了巨大的创造能量，共同实现价值共创（图 1-1）。

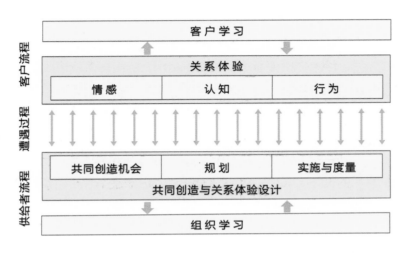

图 1-1　价值共创流程框架

在经济学或商业领域，经济学家 Fisher 于 1935 年就提出"第三产业"（和现在的服务业基本重合）的概念，现在从 IBM 到通用电气、施乐、惠普、海尔等这些利润大都来自产品销售的企业正迅速转变为服务提供商。创立计算机科学的 IBM 在 20 世纪 60 年代的战略转型期就率先成立了 IT 服务机构，在 IBM 从 1982 年到 2003 年的企业营收趋势表中显示"Service"已成为 IBM 的主要利润来源，率先实现从销售工业产品到提供管理服务的商业模式转变，创造了现代经济变革的奇迹（图 1-2）。

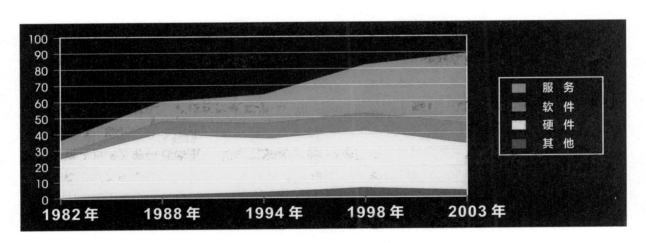

图 1-2　IBM 在 1983~2003 年的企业营收趋势变化

2002 年 IBM 组建了专注于服务创新的 Almanden 服务研究团队，从社会和技术系统角度探索服务创新的新途径，并于 2004 年创立"服务科学"（Service Science），2005 年它又演变为"服务科学、管理与工程"（Service Science，Management and Engineering，简称 SSME），试图通过科学、技术、设计和商业的跨学科交叉研究来解决服务经济中的复杂问题，实现服务领域的更高价值和竞争力，为全球经济可持续发展提供源动力。通过与 IBM 合作，包括美国卡耐基·梅隆大学、加州伯克利分校、德国卡尔斯鲁厄理工学院、芬兰阿尔托大学以及中国台湾的政治大学在内的全球 54 个国家的大学现在都设立了 SSME 的本科和研究生课程，以培养服务科学领域的专业人才。

美国社会学家、心理学家欧文·戈夫曼（Erving Goffman）在《公共场所的行为》提出"服务遭遇（Service Encounter）""服务触点（Service Touch-point）""真实瞬间（The Moment of Truth）"的理论，自此，为服务中的交互建立其地位的合法性。美国战略管理专家 B·约瑟夫·派恩（B. Joseph Pine II）和詹姆斯·H·吉尔摩（James H. Gilmore）在 1999 年出版的《体验经济》一书中阐述了很多服务相关的问题和观点。书中认为人的需求是层层递进的，人们对大众产品的差异化需求相对较小，但对服务和体验的个性化需求则越来越高。经济发展的轨迹是从商品经济到服务经济，再到体验经济。产品的时代谁拥有资源就是王者，商品的时代谁性价比高就是王者，服务和体验时代策划和设计交付的过程及交付后的良好结果是关键，把服务定义为提供差异化手段和附加价值的"作用于特定客户的无形的活动"，服务设计为驱动经济增长提供了新的思路，服务的价值正在日益得到重视。

1.1.3 服务设计的发展

21 世纪随着信息、网络技术、人工智能打开模式的飞速发展，社会、经济形态发生了深刻的变化，也带来了生产方式、商业模式、生活方式的巨大变革。设计的大环境依托网络技术、信息产业革命和服务经济的纵向推进正在发生很大的变化，从原有倚重产品（制造业）的人与物的关系延伸到构建人与人（社会）、人与物、人与自然之间的和谐关系。比如智能手机，除具备良好的人机对话体验外，还要适应和参与更为复杂的人与人的互动和社交网络分享，这里产品本身存在的价值就大大降低了。这种变化使得原有的以工业化批量生产为基础的传统工业设计理念和思维面临巨大挑战，也必然导致设计理念、方法和工具，设计载体、对象、领域、范式得到发展。

在设计学领域，服务设计（Service Design）概念的正式提出可以追溯到 1991 年英国吉尔（Gill）和比尔·霍林斯（Bill Hollins）夫妇出版的设计管理类著作《Total Design》，书中阐述了服务设计将在现代产业中发挥作用的理由。同样在 1991 年，德国科隆国际设计学院（KISD）教授迈克尔·厄尔霍夫（Michael Erlhoff）与伯吉特·玛格（Birgit Mager）首先将服务设计引入设计教育，并致力于相关的教学实践和研究。意大利米兰著名的多莫斯设计学院（Domus Academy）亦将服务设计纳入其设计教育的重要一环。卡耐基梅隆大学从 1992 年开始开设的交互设计研究生课程体系的核心内容，就是"活动和有组织的服务"，2003 年开始设立服务设计研究方向。随着设计学领域对可持续发展、绿色设计、生态设计的关注，1998 年意大利米兰理工大学教授埃佐·曼奇尼（Ezio Manzini）和卡洛·维佐里（Carlo Vezzoli）提出可持续设计概念（Design For Sustainability，简称 DFS）、产品生命周期概念（Product Life Cycle，简称 PLC，图 1-3），2000 年左右，Ezio Manzini 和 Carlo

Vezzoli 提出了产品服务系统设计（Product Service System Design，简称 PSS），通过产品服务系统研究可持续问题，并指出：与其提供实际商品，不如提供商品加服务，建立了服务系统中可持续的评估方式。

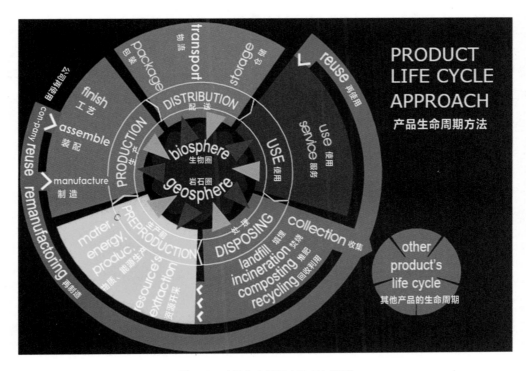

图 1-3　产品生命周期（PLC）模型

近十多年来，Manzini 将设计研究的重点落在基于服务系统的社会创新设计上，并于 2009 年发起成立了社会创新与可持续设计联盟（The Network on Design for Social Innovation and Sustainability，简称 DESIS），和 SEP（www.sustainable-everyday.net）、LENS（www.lens.polimi.it）网络形成互动和相互支撑，致力于在全球推进社会创新和可持续设计，目前已经在意大利、美国、哥伦比亚、巴西、印度、中国等地建立了分支机构。社会创新的内涵和特征与服务设计原则一致，其设计干预主要表现为服务设计，同时因社会创新的复杂性，也成为服务设计领域中极具挑战性的方向。2005 年，意大利米兰理工大学首开产品服务系统设计（Product Service System Design，简称 PSSD）的硕士专业方向，面向全球招生。此外，美国的辛辛那提大学、芬兰的阿尔托大学、荷兰的代尔夫特大学、中国的香港理工大学等也在服务设计教育中不断探索和推进。服务设计教育引入国内已近十年，直到近年逐渐成为一个热门话题越来越引起关注，一些设计院校如江南大学、清华大学、同济大学、湖南大学、广州美术学院、南京艺术学院等高校也纷纷开设了服务设计的相关课程并开展专题研究，截止到 2017 年的数据，全国已有约 22 所高校开设了服务设计课程。2004 年 KISD、卡耐基·梅隆大学、瑞典林雪平大学、米兰理工大学和 Domus 设计学院共同创立了全球服务设计研究组织——国际服务设计联盟（Service Design Network，简称 SDN），成为全球服务设计界专家、业者开展学术交流、经验分享的核心网络与平台，目前在 20 个国家设有分支机构。

随着设计学在服务设计中的介入，设计思维和服务营销理念的不断交叉、融合，尤其是以人为本、可持续发展设计原则的引入，大大推动了服务设计研究的发展和成熟。在此过程中，一些学术论著，如卡洛·维佐里（Carlo Vezzoli）等著的《Methodology for Product Service System Innovation》（2005）、萨图·米耶蒂宁（Satu Miettinen）等著的《Designing Services with Innovative Methods》（2009）、索伦·贝克曼（Soren Bechmann）著的《Service Design》（2010）、梅丽·麦金泰尔（Mairi Macintyre）等著的《Service Design and Delivery》（2011）等相继问世。特别值得一提的是，2011 年马克·斯迪克多恩（Marc Stickdorn）和雅各布·施耐德（Jakob Schneider）集结全球服务设计领域 23 位作者的丰富知识和实践经验，合作出版了《This is Service Design Thinking》，该书系统介绍了服务设计的基本概念、工具运用和案例研究。基础概念篇陈述服务设计思考的基本概念以及与服务营销之间的关联性，并特别阐述包含产品设计、视觉传达设计、互动设计以及策略管理等不同专业背景人员进入服务设计的通道。工具篇则阐述设计服务的流程、方法与工具。案例篇章中透过实际案例，阐述基础概念、流程以及工具如何实际地运用。2018 年续集《This is Service Design Doing》出版，书中涉及服务设计的最新发展成果，通过更为大量的案例详尽、系统地介绍服务设计可视化工具、具体的研究、构思及原型制作方法，这些研究成果大大丰富了服务设计的理论。

在服务设计实践领域，21 世纪初由于公共服务和服务产业业态的大量需求，世界各国对医疗、教育、文化机构、社会安全等问题的关注与投资的增加，社会公共服务机构（NGO、NPO）得到了快速发展，服务设计开始萌芽。1999 年，日本 NTT DoCoMo 电信公司提供的 i-mode 移动互联网络服务系统，就是服务设计应用的典范。日本民众每天花大量时间搭车通勤，他们靠短信聊天打发车上时间。设计师洞察了这一现象，设计了 i-mode 手机系统，提供上网服务。通过网络，用户可以永远在线，访问网站、通过网络银行购买股票、查阅地图、与朋友分享照片、购买火车票等，这便是今日互联网服务的雏形。2001 年，欧洲首家专业服务设计咨询公司 Live|work 在英国成立，成立于 2000 年的 Engine 设计公司在 2003 年也转为以提升公共服务质量为目标的服务设计机构，美国著名设计公司 IDEO 自 2002 年开始导入服务设计的理念，对客户提供创新协助以及横跨产品、服务与空间三大领域的体验设计与服务设计，还有荷兰服务设计公司 31volts 等。2007 年英国政府大规模应用服务设计理念推行公共服务设计项目，满足日益复杂多样的公共服务需求，例如社区再造、糖尿病患者的健康护理公共服务系统、问题少年价值观矫正系统等。甚至英国内阁府的重要政策决策机构——政策实验室（Policy Lab），他们也启用服务设计去重新思考如何更好地设计和推行政策，还出了一部专著《国策制定中的服务设计》。随着服务产业的快速发展，服务设计成长为新兴的领域，充分体现了设计在新的历史时期、新的经济形态和技术条件下，以新的理念和方法参与社会变革的特点。2010 年，美国著名设计公司 IDEO 为德国拜耳（Bayerayer）设计推出了一款新的血糖仪"CONTOUR"，并在 2011 年获得了美国 MDEA（Medical Design Excellence Awards）的设计创新奖，而获此殊荣不是因为它的产品设计，而是服务设计。这款血糖仪不同于传统的具有医疗产品形态语义的血糖仪，它形如一个 U 盘，可以通过用户的个人电子设备对血糖数据进行管理，并能通过网络将检测数据传输至医院。这个产品在设计过程中就是通过大量真实的用户研究，将设计重点落到了产品后面的服务上，使产品软硬件系统融为一体，使其有效和易用。图 1-4 展示了服务设计发展中的重要事件。

KISD
Köln International School
of Design

Engine

1982年，美国营销学家G. Lynn Shostack在《欧洲营销杂志》首次提出将有形的产品和无形的服务整合的服务设计概念。

1991年，吉尔·比尔·霍林斯夫妇出版了设计管理类著作《Total De-sign》，正式提出服务设计概念。

同年，德国科隆国际设计学院教授迈克尔·厄尔霍夫与伯吉特·玛格首先将服务设计引入设计教育。

2001年，欧洲首家服务设计咨询公司Live|work在英国成立。

2002年，美国著名设计公司IDEO开始导入服务设计理念，为客户提供创新协助以及横跨产品、服务与空间三大领域的体验设计与服务设计。

2003年，成立于2000年的英国伦敦的设计公司Engine转型为服务设计咨询公司。

2003年，美国卡耐基·梅隆大学开设服务设计研究方向。

1982　　1991　　2001　　2002　　2003

2018年，续集《THIS IS SERVICE DESIGN DO-ING》出版。

2011年来自全球服务设计领域的23位作者合作出版了《THIS IS SERVICE DE-SIGN THINKING》。

2007年英国政府大规模应用服务设计理念推行公共服务设计项目，满足日益复杂多样的公共服务需求。

2005年，意大利米兰理工大学首开产品服务系统设计（PSSD）的硕士专业方向，面向全球招生。

2004年德国科隆国际设计学院、卡耐基·梅隆大学、米兰理工大学、Domus设计学院、瑞典林雪平大学共同创立了全球服务设计联盟SDN。

2018　　2011　　2007　　2005　　2004

图 1-4　服务设计大事记

服务总是伴随在我们生活中的每时每刻、每一个角落：商店、餐馆、酒店、银行、保险公司、文化机构、大学、机场、交通、政府公共服务、医疗卫生……随着社会的发展，人们的消费需求日益复杂和多样化，对消费预期也不断提高，使得现有的一些服务设施与服务系统不能很好满足消费者的需求。服务设计作为一个跨学科交叉的新兴领域，它集合了设计、管理、商业、技术等不同领域的知识和经验，以用户为先，通过涉及所有接触点追踪体验流程，从而打造完美的用户体验，使得这些服务对于客户来说更加有用，可用和被需要，对于机构来说更加高效、有效。

设计学领域倡导的"产品服务系统（Product Service System，简称 PSS）"理念和 IBM 提倡的从商品到服务的理念有很多相近之处，都体现了产品生命周期的理念。不同的是，IBM 提出服务概念的初衷是为日益大众化的工业商品提供差异化的增值服务，而"产品服务系统"则是从环境可持续的角度，希望通过服务有效减少物质资源的利用，提高环境效益。围绕用户体验和互联网商业创新的服务设计，则是近年来设计领域更为热门的话题，充分体现了设计在新的历史时期、经济模式和技术条件下，以新的理念和方法参与社会生活的特点。不同学科从不同的视角、关注点推动了服务设计的学科发展，同时也给服务设计研究带来挑战与机遇。

另外，从政策层面，我国正通过政策创新、技术创新、文化创新等，不断提升设计服务产业发展和数字内容产业的规模及全球竞争力。2019 年 1 月 10 日，商务部、财务部、海关总署发布公告，将"服务设计"纳入《服务外包产业重点发展领域指导目录（2018 年版）》。"服务设计"作为重点发展领域，与信息技术服务、电子商务服务、云计算服务、人工智能服务、文化创意服务、管理咨询服务、大数据等行业并行，描绘着中国经济的未来蓝图，也正在深度影响和变革着各行各业。

第 1 章　课程导论

9

1.2 服务设计的概念

1.2.1 服务设计的定义

"服务"在词典中的基本词义就是为集体（或别人的）利益或为某种事业而工作，满足需要。"服务"是一个高频词，伴随着我们社会生活及工作中的方方面面。在生活中，我们会遇到大量的服务，我们享受服务，服务人员或企业提供服务。如交通服务：指航空公司、铁路运输部门、汽车运输公司等利用各种运载工具将人们从一个地方运送到另一地；餐饮服务：指各类酒店餐馆提供各种饮食供人们挑选；产品安装维修服务：指汽车修理、空调安装、房屋维修等。我们在讲授产品要素时，就讲到了"服务"，这里服务的概念主要是指产品延伸的售后服务，但是在服务设计中，服务的外延和内涵都发生了很大的变化。

服务设计是一种思维方式，其具有集合不同学科的方法与工具的交叉特性，本身也是一个不断发展的新兴的领域。不同学科、不同视角对服务设计的理解和解读都会有所不同，所以到目前为止，还没有一个明确的定义。正如理查德·布坎南（Richard Buchanan）所说："设计最大的优点就是我们不会局限于唯一的定义。现在，有固定定义的领域变得毫无生气、失去活力和索然无味，在这些领域中，探究不再挑战既定的真理。"

2016 年，服务设计又一部权威著作《THIS IS SERVICE DESIGN DOING》的作者邀请全球150 位服务设计师对他们最喜爱、认同的定义进行了分享和投票，经过数据统计，在全球 150 位服务设计师中最流行、接受度最高的定义是：

> "服务设计有助于组织从客户观点审视服务。它是一种平衡客户需求和商业需求的设计服务的途径，旨在创造无缝优质的服务体验。服务设计植根于设计思维，带来创造性、以人为本的服务改善和设计新服务的过程。通过协作方法吸引客户、服务交付团队开展服务设计，帮助组织获得真实的，端到端地了解他们的服务，从而实现整体的和有意义的改进。"
>
> —— Megan Erin Miller 众包

除了 Megan Erin Miller 众包对服务设计的定义外，在服务设计学科的发展过程中，专家从各自不同的视角思考、定义、审视服务设计，具有一定代表性的定义还包括：

> "服务设计有助于创新（创造新的）或改善（现有的）服务，对客户来说更有用、更可用、更令人满意，对组织来说既高效又有效。它是一个全新的、整体性的，涉及多学科的综合性领域。"
>
> —— Stefan Moritz, 2005

> "服务设计是将既有的设计流程、技巧和方法应用到服务领域，是一种改善现有服务并创造全新服务的创造性的和切实可行的方法。"
>
> —— Live|work, 2010

"服务设计就是使您传递的服务有效、可行、高效，且令人满意。"

—— 英国设计委员会（UK Design Council），2010

" 服务设计在复杂系统中编排流程、技术和交互，为相关的利益相关者共同创造价值。"

—— Birgit Mager

"服务设计是为随着时间推移和跨越不同接触点发生的体验做设计。"

—— Simon Clatworthy，引自 servicedesign.org

"如果有两家咖啡店彼此相邻，它们以同等价格销售完全相同的咖啡，那么你会告诉你的朋友，服务设计才是使你走进一家而不是另一家的真正原因。"

—— 31 Volts，2008

"服务设计是一种创新战略的结果，把商业的焦点从仅仅销售物质的产品转变为销售共同满足消费者特殊需求的产品和服务的系统。"

—— Ezio Manzini，Carlo Vezzoli

"服务升级是为满足消费者需求所设计的包含产品、服务、支持网络和基础组织的一个系统，相对于传统的商业模式，它拥有比较低的环境影响。"

—— Oksana Mont

服务自古以来就一直存在，且以不同形式被组织。然而，有意识的整合新的商业模式来设计服务，不仅对于顾客的需求具有移情作用，且可以创造新的社会经济价值。在知识驱动型的经济社会中，服务设计是必不可少的。

—— 哥本哈根交互设计研究所（CIID），2008

2019 年 1 月 10 日，我国商务部、财政部、海关总署发布的关于《服务外包产业重点发展领域指导目录（2018 年版）》的公告中，对服务设计给予的定义：

服务设计是以用户为中心、协同多方利益相关者，通过人员、环境、设施、信息等要素创新的综合集成，实现服务提供、流程和触点的系统创新，从而提升服务体验、效率和价值的设计活动。

—— 中国《服务外包产业重点发展领域指导目录》，2019

1.2.2　服务设计的特点

（1）服务设计是一种思维模式

服务设计是一种设计思维模式，它以解决问题、提供服务为目标，具有服务设计思维的设计师首先会为了一起创造与改善服务体验和用户展开讨论，它强调合作以使得共同创造成为可能，让服务变得更加有用、可用、高效、有效和被需要，在这里"产品"被视为服务关系的"化身"。这种思维模式不会纠结于无休止的讨论，而是把注意点放在原型测试上，测试随着时间的推移发生在不同接触点上的体验及整个流程，并且在项目实现之前不会思考项目是否已经完成，并且在实现过程中已经为下一个迭代循环生成了洞察。作为一种思维方式，服务设计注重务实、共同创新和实践性，它寻求在技术可能性、人类需求和商业之间的平衡关系。

（2）服务设计是一个过程

设计是一个动词，所以服务设计通常也被描述为一个过程。这个过程由服务设计理念所驱动，试图通过研究和开发的迭代循环找到简洁和创新的解决方案，以达到服务受众和服务提供者及其他利益相关者都满意的服务。迭代设计就是在一系列重复、深化、探索性的循环过程中展开设计流程，这一点在服务设计中显得至关重要。因此服务设计从业者的目标就是通过早期的用户反馈、早期的原型设计和快速而简单的模拟测试将项目控制在短周期内，在不断的迭代试错和修正中改进。随着过程的继续，迭代可能会减慢，但它永远不会消失，因为原型会迭代到测试中，而测试会迭代到项目的实施中。

（3）服务设计是一系列工具和方法

服务设计是为了解决问题和提供服务，为了达到这一目标需要通过探索和发现、概念设计、测试和反馈、概念实施等流程来完成。在设计的不同的阶段和流程中我们都需要使用不同的方法和工具进行概念传递和可视化表达，服务设计在发展的过程中融合了多学科的知识，它的方法和工具来自于社会学、营销学、心理学和设计学等学科的贡献，并且在服务设计的发展和实践中不断优化，服务设计的工具已发展到五十多个，不同的项目和设计团队会根据项目和使用习惯进行筛选使用，例如角色模型、问题卡片、用户旅程图、服务蓝图、服务原型等。但是重要的一点是，所有这些工具的使用都是建立在服务设计思维模式下，服务设计的迭代过程中，用一种设计师、服务设计的所有利益相关者都理解的通用语言讲述一个完整的故事，创造一种共同的理解，使隐含的知识、观点和假设明确化，帮助人们共同创造体验和价值，否则这些工具便会失去意义。

（4）服务设计是一种跨学科语言

服务设计的核心是共同创造，包括跨学科的合作，服务设计师、客户和利益相关者的共创。因为服务设计有着一套清晰可见、可以触摸和使用的方法及工具，这些有意义和好用的方法利于将来自不同学科、不同领域的人聚集在一起展开工作。这些可视化工具由从事服务研究的不同专家以不同的语言进行解读，因为具有服务设计的思维方式，可以使他们在不十分了解互相的学科领域的情况下能够成功的协作。它们简单，容易理解，也足够强大，能够为服务设计提供良好的工作基础。通过这种方式，服务设计可以被看作是一种通用语言，甚至是"所有学科之间的粘合剂"，为跨学科合作提供一套共享的、可接近的、中性的术语和活动。

（5）服务设计是一种管理方法

当服务设计被持续地引入一个组织中时，它可以作为一种管理方法，用于现有价值主张的增量创新，或者是全新的服务、物理、数字产品甚至商业模式的根本创新。迭代服务设计过程需要在一系列循环中进行协作，就此而言，服务设计作为一种管理方法与其他迭代管理过程有着相似之处。然而，服务设计的不同之处在于，它使用了更多以人为中心的关键绩效指标、更多的定性研究方法、在体验和商业流程中快速和迭代的原型方法，以及特定的领导方法。将洞察贯穿在整个客户旅程中并且涉及系统内部的所有利益相关者，这通常会导致组织结构和系统的变化。

1.2.3 服务设计的认识误区

（1）服务设计不是美学

服务是否有效，是否满足需求并创造价值是服务设计师的关注焦点。在此期间不仅关注服务前端（可用性）、服务体验，还需关注服务是如何交付的，它是否具有存在价值等。服务设计远远超出美学的可见范围，所以不要浪费时间使早期版本变得漂亮，在早期阶段追求的是数量而不是质量，想法也不需要完整，只要足够好就可以被探索。

（2）服务设计不仅仅是"客户服务"

"客户服务"可能是服务设计项目的主题，但服务设计师不仅解决客户问题，还设计价值主张、流程和商业模式。

（3）服务设计不仅仅是"修复服务"

服务设计不是"售后"中心或可供选择的额外服务，它不仅在出现问题时发挥作用，而是在整个服务流程中使所有利益相关者获得满意和良好体验，并共同创造新的价值，而不仅仅是修复错误。

（4）不是空想而是真实世界中的原型实践

服务设计是基于现实的。与其长时间谈论某件事，不如构建一些东西，测试它，了解需要改进的地方，与真实用户一起探索和测试这些原型，然后重新构建它。

（5）不要把所有的鸡蛋放在一个篮子里

用不同的研究方法、研究人员和数据类型对研究进行测试。不能仅仅局限于一个的想法，也不要只有一个原型。如果原型失败了，要从失败中学习如何改善原型。

（6）不是使用工具，而是改变现实

一个新的用户旅程图并不代表服务设计项目的结束，服务设计项目不能仅是停留在纸面的构想和简单的原型，而是要在真实的场景中，面向真实的使用者付诸实现。

（7）找出正确的问题再迭代解决它

服务设计是探索性的，我们不能看到一个问题就直接跳进去创建一个解决方案。在解决真正的问题前要不断通过迭代测试，用研究、原型测试来挑战你的假设。

（8）服务设计师是一个引导者

服务设计是一个由服务提供者、管理者、技术工程师、相关专家甚至用户组成的多元化协作团队。服务设计师在服务设计项目中担当的是一个组织者、引导者的角色，帮助大家接受服务设计思维，激发创造能力，将客户数据塑造成角色，将流程解释为故事，将复杂的构思分解为可以处理的单元，但永远不要忘记服务项目本身真正的复杂性。

1.3　服务设计的原则

2010 年，服务设计研究专家在理论研究和实践演练的基础上总结了服务设计的 5 个原则，并于 2011 年在《THIS IS SERVICE DESIGN THINKING》一书中公开发布，它们分别是：以用户为中心（User-centered）、共同创新（Co-creative）、有序性（Sequencing）、有形化（Evidencing）和整体性（Holistic）（图 1-5）。

随着近年服务设计理论研究的不断深入和完善，并通过大量的实践研究成果的反复验证，人们对服务设计逐步有了新的认识。2017 年，服务设计领域专家马克·斯迪克多恩（Marc Stickdorn）等将原有的 5 个原则发展为 6 个，分别为：以人为中心（Human-centered）、协作性（Collaborative）、迭代性（Iterative）、有序性（Sequential）、真实性（Real）、整体性（Holistic），并在《THIS IS SERVICE DESIGN DOING》一书中进行了阐述（图 1-5），该书于 2018 年正式出版。

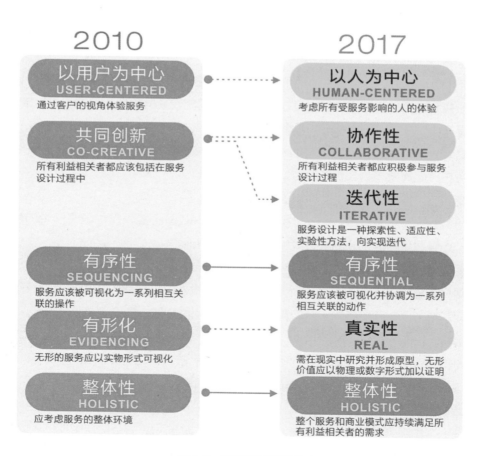

图 1-5　服务设计原则的演变

服务设计是一种非常实用、用于创建和改进组织提供物的方法。它与其他几种方法，如设计思维、体验设计和用户体验有着很多共同之处，都源于设计研究，并与服务主导逻辑完美的协调。它是一个以人为中心、协作、跨学科、迭代的方法，通过用户研究、原型设计和一组易于理解的活动和可视化工具来创建和协调能同时满足商业、用户和其他利益相关者需求的体验。

1.3.1 以人为中心（Human-centered）

以人为中心是服务设计的一项重要原则。服务设计是一种高度"以用户为中心"的方法，不同于传统的以用户为中心或以市场为导向的设计。在 2010 年版的原则中，"用户（User）"一词指的就不单是客户或者是用户，它包括服务中的使用者和服务提供者。在 2017 版中用 Human 代替 User 一词，是为了更清晰地表达服务中所涉及的"人"，是指利益相关者（Stakeholder），即服务的使用者、服务的提供者和服务管理者等所有的利益相关者。服务设计注重利益相关者的满意度，在利益相关者中建立共同语言，以便理解和发现用户的不同想法和需求，与用户一起设计，而不是为他们设计。这是服务设计思维的第一步。

1.3.2 协作性（Collaborative）

协作，也叫协同设计，是服务设计中很重要的原则。服务设计中有一个利益相关者的概念，就是要考虑服务过程中的所有参与者，让所有的参与者都可以满足自己的诉求，都能有良好的体验，实现多方共赢，确保服务的可持续性。服务设计中的各利益相关者作为服务项目的一部分要共同参与到项目整个生命周期包括后续迭代进程，共同创造或实现同一个目标，这里尤其强调各方的积极、主动参与。

这里的"协同设计"包括三个方面：一是服务设计的价值只有在客户积极参与的情况下才能得以体现，因此价值是共同创造的。二是服务设计强调跨领域和跨学科的合作，是一群拥有不同背景的人协同创造的过程。三是要求服务设计人员需具备组织协调能力，以激发和调动各利益相关者的协同创造力。图 1-6 为各利益相关者在协同设计中的工作场景。

图 1-6 与客户及相关利益共享者协同创造

1.3.3　迭代性（Iterative）

　　迭代是服务设计中非常关键的一个原则，也是服务设计在不断研究和实践过程中总结的新的重要特征。服务设计强调迭代性：在整个的服务设计过程中，从小的、低成本的尝试和实验开始，允许失败，从失败中学习和改善，并在过程中不断调整和测试，通过循环迭代不断趋向于实现。服务设计是一种实现迭代的探索性的、适应性的、实验性的方法。

1.3.4　有序性（Sequential）

　　服务的有序性原则意指服务应该是可视化的经精心策划的相互关联的一系列动作的排序。用户在服务体验中产生的交互是随着时间的推移按照某种顺序发生和连接的，服务设计要充分考虑用户的体验过程和路径，在服务前、服务中和服务后充分把握用户的交互行为和心理过程，通过有针对性、有顺序的设计和引导，避免各种跳跃、曲折、往返的折磨。服务设计的有序性，是构成服务体验的各种时刻、步骤或"接触点"在特定的服务时空范围内遵循着特定的叙事设计和情节策划排列，就如一段动人的故事或者一场精彩的电影。服务中真实的瞬间，服务结束后留下的长久记忆，都将转化为服务创新的价值。

1.3.5　真实性（Real）

　　真实性原则指明服务设计是基于现实的，要求服务设计必须在现实中进行研究，设计构想应在现实中形成原型并进行测试，服务所形成的无形价值也需要用物理或数字模型进行证明（图1-7）。
　　所谓真实性要求服务设计阶段不能拘泥于反复的构想，与其长时间讨论，不如构建一些原型，测试并了解其需要改进的地方，然后重新构建完成迭代直至实现。也不要浪费过多的时间花在项目早期阶段的表达是否足够漂亮，早期方案你做得越漂亮，会导致在验证中越难以放弃。要在真实的场景中和真实的目标用户共同去感知、创造、改善和测试服务原型和服务流程。在服务实施阶段，设计和服务在用户体验过程中是可以让用户感知到的，是有形的、可量化、可视的、可体验、可表达，而非虚无不可感知的。顾客与服务场景中与不同要素产生交互关系，从中获取体验，并且留下独特、美好的记忆，形成价值创新。

图1-7　服务设计的真实性原则（首尔地铁项目）

1.3.6　整体性（Holistic）

　　整体性原则说明服务设计应该通过整个服务和贯穿的商业模式持续地满足所有利益相关者的需求。这也是服务设计区别于交互设计或者用户体验设计的一个关键方面：后者可以将关注点聚集到单个点或某个类别的接触，如屏、界面、设备等的信息反馈，而服务设计是设计一个完整的服务系统，要关注整个的服务过程，不能仅仅局限在某几个接触点的交互。

　　服务设计的整体性还在于我们不能仅把设计重心放在前台的用户体验上，而忽略了后台服务系统及组织重组和优化。服务的创新不仅包括前台的用户体验创新，更包括了后台系统及组织的创新。服务设计的对象不仅仅是用户（服务使用者），还有服务提供者、系统管理者等服务系统中的各方利益相关者。所以在做服务设计时需要形成全局思维，关注各个点及各个环节在整个系统中所处的位置、环境以及发挥的作用，从整体性考虑服务设计面对的方方面面的问题（图 1-8）。

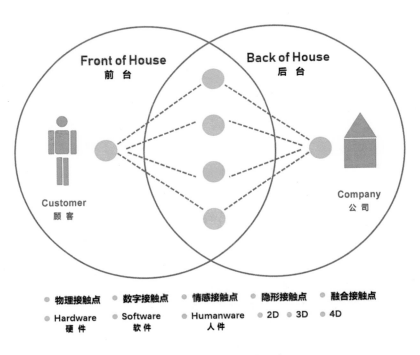

图 1-8　服务设计的全局性原则

1.4 服务设计的分类

传统意义的产品是有形的，即同时存在于时间和空间内的有形物体（G. Lynn Shostack，1982），而服务则是单纯的行动或过程所组成，是一种为他人实施的行为，且通常在商业基础上实施，具有经济价值（Stack，1982）。服务是无形的，无法被拥有，只能被体验、创造和参与（CooporandEvans，2000）。但一个不容忽视的问题是服务生产和消费过程常同时发生，服务是供应商和消费者之间的直接互动。而服务设计就是将原先生产和销售有形产品的相互分离的工业生产与服务体系有机整合，相比传统的生产和消费模式以更低的环境代价，来有效地满足顾客功能需求和精神需求。

从产品提供向功能服务提供的思想萌芽其实已有近 60 年甚至更长的历史（Becker，1962），但当时尚处于以制造为基础的工业化社会阶段，人们习惯于以拥有产品所有权为基础的经济发展模式，并且大力提倡以发展产品购买力来促进经济发展。但是，随着环境问题的日益尖锐和对可持续发展的关注，20 世纪 90 年代，社会学、管理学、设计学等领域众多学者的研究使得通过产品提供向功能服务提供转变作为解决社会可持续发展的途径逐渐获得越来越广泛的共识。作为一种环境问题解决方案，提倡用服务取代产品或通过产品和服务的组合来部分取代产品，意味着服务具有更小的环境危害性。世界可持续发展商业理事会在 1996 年就已经注意到通过增加产品服务成分对可持续发展的重要性。米兰理工大学社会创新设计研究专家 Manzini 提出企业通过提供产品和服务组合可以获得竞争优势和环保收益（1997/1998）。IIIEE 则认为服务设计是一个由产品、服务、参与者网络及基础设施组成的系统，用于满足顾客需求并具有比传统商业模式更少的环境危害。也就是说，服务设计能够帮助企业提高服务效率从而节约成本，从生态学的角度来说，服务设计对问题的服务化解决方案减少了有形产品在生产过程中对资源和能源的过度使用。从商业价值的角度，差异化的服务设计提升了企业或组织的竞争力，有效地提高了品牌和企业的整体形象，改善了用户的服务体验，客户价值得到很大提高。

在服务设计的研究过程中，不同学者站在各自的视角和分类依据上对服务设计进行了分类。在 2001 年，由欧洲委员会资助的 MEPSS 项目根据服务和产品各自在系统中的重要性进行分类，将其分为产品导向的服务模式、使用导向的服务模式和结果导向的服务模式三大类，从整体性考虑服务设计面对的方方面面的问题。图 1-9 为荷兰可持续设计领域的学者 Arnold Tukker 教授在 2004 年的一篇学术论文中提出的概念模型。在图示中，展示了产品与服务之间的配比关系，以及对环境影响程度的渐进关系。在最左边的纯产品为消费者传递的主要是产品本身的物质价值，这类传统商品的价值对环境的影响较大，是粗放式地满足消费者需求的商业模式。在最右边的纯

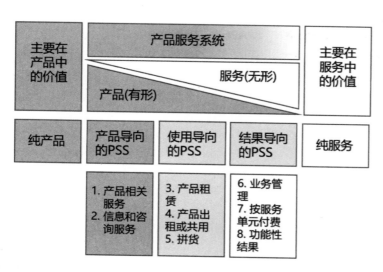

图 1-9 服务设计的分类及其关系

服务是无须增加物质成本的服务价值传递，由于不消耗物质，因而对环境的影响为零。服务系统的三大类从左至右，随着服务比重在系统中的增加，对环境的影响逐渐减小。由此可见，对于缓解环境压力最有潜力的产品服务系统类型为结果导向的服务系统，该服务系统的实现即为非物质化经济的实现，这是今后发展循环经济需加强的部分。

1.4.1 以产品为导向的服务模式

面向产品导向的服务设计，该类服务设计立足于产品本身，旨在对产品的生命周期进行设计。其中，有形产品的所有权转移给了消费者，但是诸如维护等这些附加的服务，是被提供的。例如提供产品的售后服务、可能包含更换零部件、产品部件升级、产品成长性设计、产品回收再利用等。它们可以被定义为一个公司（或联盟的公司／利益相关者）提供额外的服务，以保证在产品生命周期中其性能（出售给客户）的价值提供。这些服务可以包括例如维护、维修、升级、替换、产品回收等（世界环境署 2002）。这种类型的 PSS 降低产品的使用者／或处置／半成品用户的责任（她／他拥有），并有可能不断寻求有利于环境的新的解决方案（Carlo Vezzoli，2007）。以往，比如一家传统的家电厂把冰箱、洗衣机卖给用户以后，并不会给用户带来多少感觉。用户只会在东西坏了要去修的时候才会去找家电厂，企业和用户之间的情感连接比较薄弱。但在产品导向的服务设计中，这种现象已得到很大程度的改观，很多企业利用服务和消费者建立密切关系、增加黏度。

例如：当你购买一台 Dyson 电器时，产品手册会指导你下载小程序和关注公众号，应用程序会提供各种产品使用指南、维护信息、会员福利、积分兑换、线下活动等应用界面，企业通过线上服务平台主动提供更多的售后服务。再例如耐克和苹果两大巨头联合研发的 NIKE+，它是一系列健康追踪应用程序和可穿戴设备的统称，包括 Nike+iPod、Nike+Running、Nike+Training、Nike+Move 等手机应用程序，Nike+Sportwatch、Nike+Fuelband 等穿戴式设备。"Nike+"通过内置传感器的 Nike+ 运动鞋和能对接 iPod 的无线接收器存储数据，用户可以通过 iPod Nano 耳机、数字运动平台了解跑步时间、距离、速度和消耗的卡路里等实时信息，这些注册的运动爱好者通过网络平台组建了运动社群传输、分享信息，耐克公司通过庞大的注册用户获取的运动数据也已成为公司研发、评估新产品的重要参考（图 1-10）。

Steady   Ready   Run   Synchronous

图 1-10 "Nike+"设计生态服务系统
（图片来源：http://news.xinhuanet.com/info/2013-04/27/c_132342801.htm）

1.4.2　以使用为导向的服务模式

面向使用导向的服务设计，该类服务设计提供给用户一个平台，有形产品的所有权通过服务的供应方保留，他们销售产品的功能、改善了销售和支付系统。这个平台可以是产品、工具、机会甚至是资质，以高效满足用户的某种需求和愿望，例如典型的汽车租赁服务、自助洗衣服务等。它们可以被定义为价值主张，一个公司（或公司联盟 / 利益相关者）提供访问的产品、工具、机会或能力，使客户能够达到他们的目标。客户端获得所需的实用程序，但不拥有提供该实用程序的产品，并且只在产品实际使用时支付。根据合同协议，用户可以对有权持有的产品 / 服务在给定的时间内连续使用或一次性使用（环境署 2002）。客户因此不拥有产品而是在其上操作以获得最终的满意（客户、支付公司提供一致的结果）。在这种情况下，公司和客户之间的关系可能会推动公司的经济和竞争利益。

例如：近年来一线城市楼价持续升高，CBD 写字楼的租金也随之大涨，越来越多公司难以承受昂贵租金。并且随着互联网的发展，各种公众号、自媒体的兴起，越来越多人成为选择 SOHO、拥有独立工作室的自由职业者。他们往往选择在家办公，但因一定的局限性带来诸多不便，比如接待客户或与小伙伴展开工作讨论时。由此，联合办公空间在各大城市应运而生，出租方通过短期出租具有完备基础硬件设施的工位、办公室、会议室等多种模式获取利润差价；作为租户的创业公司或个人拎包即可立即办公，大大降低了资金投入和空间使用成本；另一方面也大大降低了办公室的空置率。

1.4.3　以结果为导向的服务模式

面向结果导向的服务设计，该类服务设计是以满足用户需求为目的的设计。这里，产品通过服务被取代了。例如电子语音邮件代替了电话应答机、高效的出行、供暖等。它们的价值可以被定义为提供了一个公司（或一个公司 / 利益相关者）联盟、提供了一个定制的服务组合（作为购买和使用产品的替代），抑或提供了一个特定的"最终结果"（换句话说，一个集成的解决方案，以满足客户的需求及满意度）。服务组合不要求客户承担（或全部）购买所涉产品的责任。因此，生产者保持产品的所有权，并由客户支付其提供服务的结果。客户的好处是可以摆脱问题、使用成本、设备和产品的维护（环境署 2002）。换句话说，客户、支付公司提供一致的结果；客户不拥有产品，不在其上运行，以达到最终的满意度。公司有可能提高资源生产率，经济和竞争的利益，例如持久、可重复使用和回收利用的产品（Carlo Vezzoli，2007）。例如：荷兰 Odin 公司订购生态蔬菜的产品服务系统。在越来越重视健康的时代，生态蔬菜越来越受到消费者喜爱。为此，Odin 公司顺应市场需求，开始推出生态蔬菜配送服务，公司经营的产品为贴有 SKAL 认证的 EKO 标签的荷兰当地生态蔬菜。服务为递送直销经营，包括按顾客要求定时递送蔬菜上门、提供适当的蔬菜配量和配类及健康菜谱。产品供应来自基于稳定价格和技术指导的合同，没有中间批发商等中间环节。这一服务系统对于消费者来说，可以获得更便捷的购买方式、更新鲜的质量保障、更低的购买价格、更透明的供应渠道和更健康的生活方式。对于农民来说，可以获得稳定的合同价格和销售渠道、专业的技术指导、由传统农业向生态农业转变的可能。对于 Odin 公司来说，生态蔬菜是个新兴的市场，它实现了从种植、指导、监管、销售的全链路管理，可以获得市场的急剧扩大和稳定的收入增长。

02

第 2 章　设计课题与实训

第 2 章 设计课题与实训

2.1 服务设计工作原理

服务设计是一项创造性的活动，也是一种设计思维方式，为人与人一起创造与改善服务体验，这些体验随着时间的推移发生在不同接触点上。所以服务设计其任务目标就是根据不同用户的需求及现实中存在的问题，整合有形和无形的接触点进行系统、有组织的挖掘以提出创新的解决方案，满足整个价值链上所有利益相关者的诉求，整个过程达到共赢和环境友好。

服务设计实践则是通过服务设计思维全链路的思考服务流程的规范和构建，例如在一个服务项目中，思考产品或服务过程到底要设计什么？为什么设计？如何设计才能满足所有利益相关者的诉求？为特定客户提供有价值的行动力。服务设计实践既可以是有形的也可以是无形的，它是跨学科领域的。就设计学科本身来说，它可能涉及体验设计、交互设计、产品设计、视觉设计和空间设计等为基础的整合设计，其元素涵盖沟通、环境、产品、行为和组织架构等。Nicola Morelli 在 2006 年提出了服务设计方法概述，他提出了三个主要方向：1. 通过适当的分析工具确定参与服务定义的相关行为者；2. 定义可能的服务方案、验证实例、操作序列和相关角色，以定义服务的需求及其逻辑和组织结构；3. 通过说明服务的所有组件的技术来表现服务，包括物理元素、数字元素、交互信息、逻辑链接和时间序列。

2.1.1 服务设计思维与流程

对于一件实体产品或产品系统的设计过程，一般都会经历前期广泛的设计调研，在调研基础上提出设计构想，之后进入设计草图绘制阶段、3D 建模、原型制作、CMF 设计、结构推敲等，然后对其功能、人机关系、可行性等进行测试和优化设计，中间可能会经过迭代反复，直到测试达到满意效果，就进入生产开发、投放市场环节。服务设计作为一种思维方式，作为一个兼具创造性和综合性的实践活动，通过最近一二十年学术研究的发展及大量实践案例的探索和验证，形成了一套结构化的方法。这套方法显示服务设计和其他设计学科之间的核心设计过程及方法论运用并没有什么太大的区别，同样呈现了"探索—创造—再思考—实施"的完整过程，这个完整过程是一种非线性的迭代方法。在进行服务设计的过程中，每一步都有可能回到上一步，重新开始，牢记这一点是十分重要的。美国 Central 设计中心创始人达米尔·纽曼（Damien Newman）的涂鸦非常形象地表达了这一特点（图 2-1）。它从最初的想法开始，然后是不确定的狂野漩涡，在许多不同的选择、观点上反复迭代，最后在现实世界中把这种行动具体化。

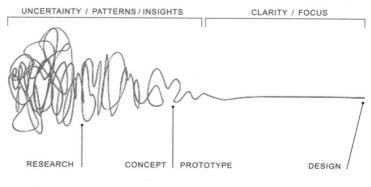

图 2-1 设计流程的波形曲线（绘图者：[美]Damien Newman）

（1）设计思维是什么

服务设计、交互设计、产品设计等的核心方法论就是设计思维（Design Thinking），它是一种思维方式，但又不仅仅是一种"思维"，而是表达设计观、过程、方法、能力四个层次的完整体系。

设计思维就是以结果为导向的设计过程：它从洞察产生问题的根源，寻求理性的分析并产生观点，为未来提供实用和富有创造性的解决方案。所以它是一种以解决方案为基础的，从目标或者是要达成的成果着手，然后，通过对当前和未来的关注，探索问题中的各项参数变量及解决方案。

设计思维是发现问题、解决问题的过程：人类的设计活动都是从一个最开始的问题入手，比如早期人类取暖、抵御野兽攻击，获取食物，就发明了各种工具；为遮风挡雨建造房子，为遮羞、抵御风寒设计衣服，任何的设计都是从问题出发有目的解决问题的过程。

设计思维是对问题本质不断推演迭代的过程：设计师们常常会遇到这种情况，尝试解决一个问题的同时却引入了另一个问题，比如电动汽车解决了碳排放的问题，但是锂电池的生产和废弃又导致新的污染产生，这时候需要设计师们重新定义解决问题的新办法。又如福特曾说过，在没有发明汽车之前问用户想要什么，他得到的答案是一匹更快的马，如果照做了，那么福特公司可能只是一个马场。但是其实人们只是想快速移动，汽车也许就是一种解决方案，这便是对问题本质的推演和迭代。

设计思维是以用户为中心的过程：就是从以人为本的思想出发了解用户的需求，体察他们的行为，理解他们的价值观，给用户提供好用、易用、具有良好用户体验的设计解决方案，这里不仅要考虑普通用户的需求，还要考虑到极端用户的需求。

设计思维是一个系统整合创新的设计过程：当我们谈论创新或设计时，任何的思考都不能仅仅关注创新或者设计本身，我们要观察涉及这个创新的整个系统。例如：在设计公共交通工具时，我们不仅考虑用户的需求，还应把系统涉及的其他元素和周围的支持系统、环境系统等一同纳入考虑范围。

（2）以人为本的设计思维

我们的很多设计活动都可以被视为"设计思维"，而"设计思维"这个词是在20世纪80年代，随着人性化设计的兴起而令世人瞩目。在科学领域，把设计作为一种"思维方式"的观念可以追溯到希尔伯特·A·西蒙（Herbert A. Simon，1969）出版的《人工制造的科学》。在工程设计方面，更多的具体内容可以追溯到罗伯特·麦金（Robert McKim，1973）出版的《视觉思维的体验》。在20世纪80、90年代，美国著名设计师、设计教育家拉夫·费斯特（Rolf A. Faste，1943—2003）在斯坦福大学任教，其创办并担任 Stanford Joint Program in Design（D. school 的前身）主任时，将 Robert McKim 的理论带到了斯坦福大学，将"设计思维"作为创意活动的一种方式，进行了定义和推广。1987年，哈佛大学设计学院的教授彼得·罗（Peter G. Rowe）写了一本叫《Design Thinking》的书，为设计师和城市规划者提供了实用的解决问题程序的系统依据，就此"Design Thinking"这一词被固定下来。1992年，理查德·布坎南（Richard Buchanan）发表了题为"设计思维中的难题"一文，表达了更为宽广的设计思维理念，即设计思维在处理人们在设计中的棘手问题方面已经具有了越来越高的影响力。

1991年，由一群斯坦福大学毕业生创立的 IDEO 设计公司，成为"Design Thinking"的最早实践者。他们将设计思维作为核心设计理念及方法论应用于工业设计领域，随后又拓展到零售业、食品业、消费电子行业、医疗、高科技行业等其他商业领域，通过用户愿望、商业持续性和技术可行性三者之间的创新结合，成功实现商业化从而风靡世界。IDEO 很多成功的商业项目就是按以人为本的设

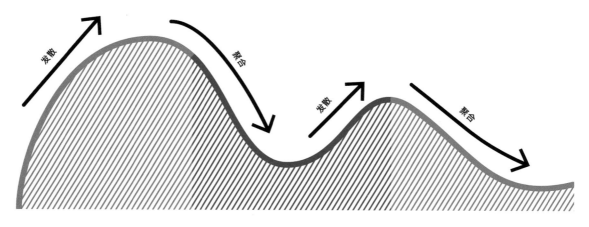

灵感

我有一个设计挑战
我该如何开始？
我该如何进行访谈？
我该如何保持以人为本？

形成概念

我有一个设计机会
我如何解释我了解到的？
我如何将我的见解转化为有形的想法？
我该如何制作原型？

执行

我有一个创新的解决方案
我如何将我的概念实现？
我如何评估它是否有效？
我如何计划可持续发展？

发散　聚合　发散　聚合

图 2-2　IDEO 以人为本的设计流程

计流程来贯彻实施的：从灵感到形成概念，再到测试和执行（图 2-2），右脑（发散）和左脑（收敛）这两种思维在设计过程中的不同阶段不断碰撞、激荡。灵感阶段的发散，表现在理解挑战、探索准备以及收集想法三个方面，到形成概念阶段则是一个先聚合后发散的过程，前期的聚合过程即将所收集的所有信息建构为自己解决挑战的知识，包括故事分享、意义寻求以及框架设计三个方面，之后进入后期概念设想的发散过程，即依据对相关挑战信息的解释，采用快速想象的方法，收集新奇的观点和想法，为应对挑战提供可能的解决方案。执行阶段要在多个解决方案中加以选择，最后汇聚到最具可行性的解决方案，需要思考的主要问题是如何实践方案，包括原型验证、获取反馈和持续迭代几个方面。

　　IDEO 强调为真实的世界而设计，关注用户和整个社会，从用户的角度体验他们的生活而不是按经验来判断，最终完善产品和服务，同时还会考虑设计带给他们的影响究竟是什么。例如为了帮助医院提升病人体验，IDEO 的设计师曾扮演成病人对问诊过程进行全程记录，最后给医院播放了一段 6 小时的影片，其中只有一个内容——白白的天花板。这是设计师躺在病床上接受检查的全过程所见，这段影片让医院设身处地地体会到了病人的感受。图 2-3 就是用低成本的创意让老人和儿童都能轻易拉动原本沉重的水桶，使干旱地区的人们取水更为方便。2009年，IDEO 的首席执行官蒂姆·布朗（Tim Brown）的《IDEO，设计改变一切》和罗杰·马丁（Roger L. Martin）的《设计思维就是这么一回事》出版后，进一步巩固了设计思维的广泛应用。

图 2-3　IDEO 以人为本的设计

（3）D. School 的设计思维流程

1991 年，IDEO 的联合创始人大卫·凯利（David M. Kelley）在斯坦福大学任教，IDEO 的 Design Thinking 得到进一步推广，同期，卡耐基·梅隆大学也将 IDEO 的设计思维引入教学中。2004 年大卫·凯利创立了斯坦福大学设计学院（D. School），Design Thinking 在斯坦福进一步得到深入研究，把它归纳成一套科学方法论。由此，设计思维在学术领域、设计领域引起更为广泛的关注和认同，并成为教学和企业开展设计项目所普遍使用的创新方法。

设计思维不是凭空而来的，它源于传统的设计方法论，即需求与发现（Need-finding）、头脑风暴（Brainstorming）、原型（Prototyping）和测试（Testing）。只是 Design Thinking 在传统设计方法论基础上更加强调与用户产生共鸣，设身处地地体验用户的实际需求，也就是建立同理心（Empathize），并重新完善了设计步骤，共包括同理心（Empathize）、定义（Define）、形成概念（Ideate）、原型（Prototype）和测试（Test）五步，图 2-4 就是经典的斯坦福大学 D. School 的设计思维蜂巢模型，为便于大家学习，D. School 还将使用流程汇编成 Design Thinking Bookleg 卡片，这套卡片的分享资料请见本书第 3 章。

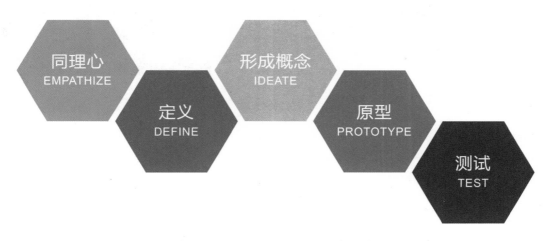

图 2-4 斯坦福大学 D. School 的设计流程模型

第一步：同理心（Empathize）

同理心也就是"移情"，要设身处地地为用户思考问题，发现他们真正的需求和痛点。如何构建同理心分为三步：观察、参与和沉浸。首先是观察，观察就是立足于用户的生活背景来观察他们的行为，不仅要观察用户行为，还要了解他们做了什么、怎么做、为什么这么做。细究用户行为背后的原因、困境以及行为所产生的连带效应。其次是参与，要做到与用户多互动和交流，多做调研和问卷，用各种方式去了解用户的真实想法，更深层次地理解他们的信仰和价值观。最后要做到沉浸，能够紧跟用户的脚步，站在用户角度思考问题，假设自己就是用户本身，带着这样的想法亲自体验产品或服务（图 2-5）。

第二步：定义（Define）

定义模式便是清晰、简单地阐述一个 Point of View（POV），POV 有点类似一个企业或组织的 Mission，用以明确表达你努力解决的目标问题是什么，价值体系是什么，以此作为产生解决方案的跳板。做到这一步需要把同理心阶段的发现分解成需求和洞察，充分理解和分析所有因素之间的关系

EXPERIENCE 体 验

What do people really experience?
人们真正的体验是什么？

EXTREME USER 极端用户

How do the most extreme users "solve" the problem?
最极端的用户如何"解决"这个问题？

ANALOGY 类 比

What are other ways of looking at the problem?
还有什么其他方式来看待这个问题？

图 2-5　通过观察、参与和沉浸构建同理心（图片来源：https://www.unleashhk.org）

并进行问题阐述（Problem Statement），问题的阐述可以通过不同的逻辑和排列方式进行表达（图 2-6），这些需要陈述的因素包括：我们的客户是谁？我们想解决的是什么问题？对于这个我们想解决的问题，我们有哪些已有的假设？有什么相关联的不可控因素？我们想要的短期目标和长远影响是什么？我们的基本方法是什么？

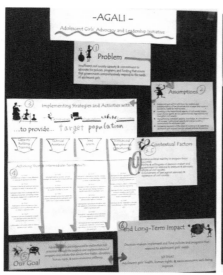 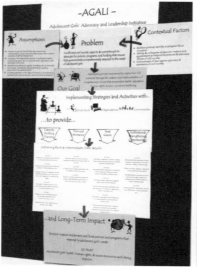 

图 2-6　问题阐述的不同逻辑排列与表达（图片来源：https://www.sohu.com/a/216662127_718721）

第三步：形成概念（Ideate）

这一阶段和头脑风暴相似，目标就是在前期观察和调研所形成的产品定义基础上，探索广泛的解决方案空间，就像一个喇叭形尽可能多地释放出大量和广泛的想法，同时它也是在不断"扩大"的构想和经过评估/选择后不断"缩小"的范围之间来回振荡，形成概念是一种产生根本设计原型的模式。

第四步：原型（Prototype）

原型设计就是将想法从你的头脑中释放出来，原型可以是任何具有物理形式的载体，如桌面纸模、草图、故事板等（图2-7）。D. School主张视觉化地做出产品原型，不求精细，但求快速和直观，以便用最短的时间和最少的成本实施和探索各种可能性。原型阶段还强调一点就是要在做原型的过程中积极反思和发现新的问题，找到新的可能出现的问题或瓶颈并不断优化。

第五步：测试（Test）

测试是设计人员收集反馈、完善解决方案并继续了解用户、产生同理心的过程（图2-8）。测试模式是一种迭代过程，在这种模式中，将低保真原型置于用户所处的真实场景中进行交互、体验，只有通过真实的原型测试才能让你知道哪里是对的，哪里是错的，并对设计进行重新定义，以改进解决方案。

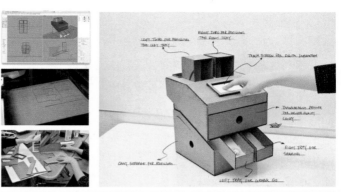

图2-7 原型演示
（图片来源：https://www.unleashhk.org）

 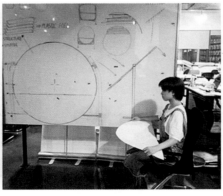 

图2-8 通过方案展示、角色扮演等进行原型测试（设计者：吴胜宇、应渝杭、陈美琪、刘芙源、郑伟）

1999 年，美国广播公司的一集《夜线（Nightline）》栏目——《深潜》，真实记录了 IDEO 在 5 天内重新设计超市购物手推车的全过程，用摄像机带领观众"亲眼看看创新是如何诞生的"。

第 1 天，跨学科创新团队成立，团队成员来自于管理学、心理学、设计学、材料学、机械学等不同学科。团队成员被分配了不同的观察任务，有人去观察消费者的采购行为，有人钻研购物推车和相关技术，有人则去请教采购和维修购物推车的专家，有人到超市考察人们的购物流程，有人甚至破坏了十几个儿童座椅和娃娃车，专门研究其内部构造问题。团队最终锁定三个创新目标：设计关怀儿童的购物推车、规划更有效率的购物方式、提高购物车的安全性能。

第 2 天，针对设定的三个创新目标进行创意构想，头脑风暴过程展开了充分的脑力激荡，可谓无所顾忌，才思泉涌。到上午 11 点的时候，天马行空的点子已经铺满了白板。之后大家对所有的提案进行投票，以明确产品原型的设计方向。到下午 6 点，一部可供测试的原型购物车就出炉了，其具备了以下功能：车体外形优雅，购物篮做成不同的模块单元，组合、堆置在车架上，一支可向超市客服人员询问的麦克风，以及可节省结账排队时间的自助扫描仪等。

第 3 天上午，一部全新、灵巧、漂亮的购物推车车架已经由资深焊工制作完成，负责制造模型的设计师则辛苦地改良车轮。

第 4 天，正当大家开始组装车体，并将购物篮放入购物推车时，大卫·凯利（David M. Kelley）提醒大家："你们不会要用这些篮子吧"于是，团队成员拿来几张树脂板，开始着手制作全新的购物篮。同时，每个环节的组装测试工作也已完成。

第 5 天上午，在所有人的欢呼声中，一台历时五天设计、制作完工的全新的超市创新购物推车终于揭开了面纱：车体结构两侧倾斜成弧线，充满了流线型跑车的味道；车架采用开放式设计，可在上下两层整齐排放 5 个标准购物篮，对所购物品进行分类存放；推车上的儿童座椅配备安全扣、儿童趣味游戏板等；为方便大家高效购物、减少冗长的排队时间，购物推车还配备了可直接结账的扫描装置、两个咖啡杯架等（图 2-9）。

大卫·凯利在节目中表示："其实我们并不是任何特定领域的专家，我们所擅长的是一套设计流程，不管产品是什么，我们都设法利用这套流程来创新。"通过这个真实的项目案例，我们可以感受到设计思维在项目组织、问题探索、设计开发、推进实施中的重要性，也揭示了 IDEO 长久保持高水准创新能力的奥秘。

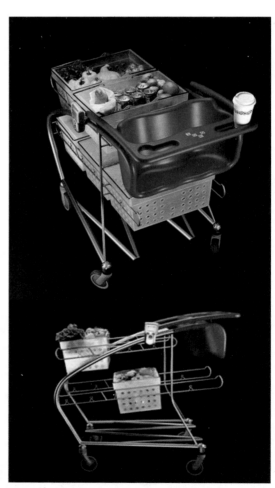

图 2-9 IDEO 的超市购物车设计项目

除重视设计流程外，Design Thinking 还注重设计的视觉化思考（Visual Thinking），早在1973 年，罗伯特·麦金的《视觉思维的体验》一书就讲到了视觉化在设计过程中的重要性。除此之外，还有非常重要的一点，Design Thinking 强调在做每一个项目的时候都要考虑设计结果所产生的社会化影响，即力求在解决社会问题和商业运营之间找到平衡。例如 IDEO 的设计项目 Embrace Warmer（图 2-10），该项目是 Thrive Networks 的一项计划。研究数据表明，全球每年约有 100 万早产儿在出生当天就会死去，而 98% 发生在发展中国家，其中死亡的一个重要原因就是低温症。导致这一严重问题的原因在于在发展中国家中，许多医院往往因为资金不足，人满为患，电力不稳定，无法保证低温新生儿获得所需的护理。Embrace Warmer 就是一款专门为早产儿保暖的可加热"襁褓"，旨在改善低资源环境中的医疗保健，帮助脆弱的新生儿生存和发展。

图 2-10　IDEO 的设计项目 Embrace Warmer

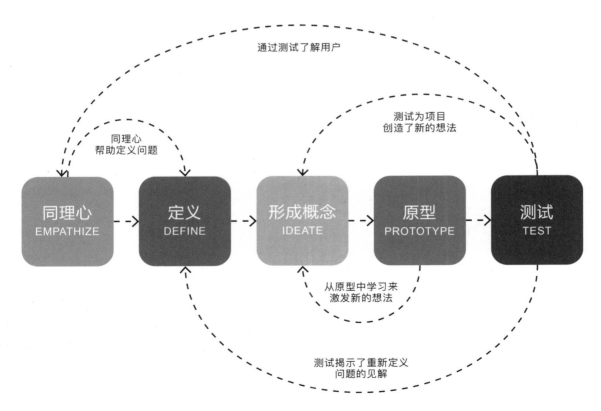

图 2-11　设计思维的迭代工作原理及过程图示

我们在谈论设计思维时反复强调的一点，当然也是我们在从事设计工作时往往极其容易忽视的一点就是：设计思维是一个迭代和非线性的过程。几乎所有设计创意项目的本质都是一个从"未知"到"已知"，从"可能是"到"应该是"的过程，这个过程乍一看是直接的，线性的。事实上，这是一个循环往复的过程，因为创造本身就是不停地以全新的方式给人们的生活带来积极的正向的影响（Hyper Island，2016年）。图2-11非常清晰地演示了设计思维中的迭代工作原理和设计流程各步骤之间的迭代关系。图中表明了设计团队在开展设计工作时需不断用设计结果来审查、质疑和改进他们初始的假设、理解和结果。初始工作过程中最后阶段的结果告知我们对问题的理解，帮助我们确定问题的参数，使我们能够重新定义问题。也许最重要的是为我们提供新的见解，以便让我们看到之前的理解水平可能无法提供的解决方案。

（4）双钻石设计流程

英国设计委员会（UK Design Council）认识到每个设计专业虽然有着不同的设计方法和工作方式，但其创造过程具有很多相似性和共性。2014年，在斯坦福大学D. School设计思维流程模型的基础上，他们归纳、发展出了双钻石设计流程（The Double Diamond Design Process，图2-12）。双钻石设计流程被分解为发现（Discover）、定义（Define）、开发（Develop）、交付（Deliver）四个步骤。

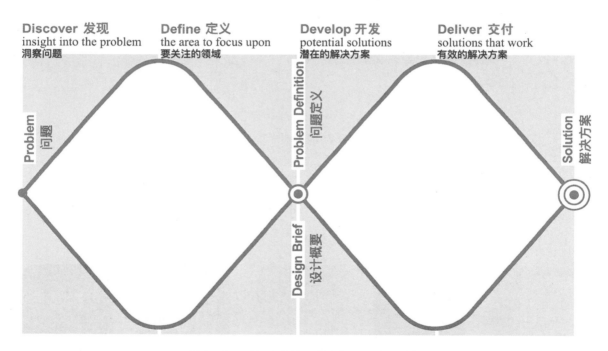

图2-12　双钻石设计流程图（英国设计委员会）

在所有的创造性的设计过程中，在精炼和缩小到最佳想法（聚合思维，Convergent Thinking）之前，会发掘无数各种可能的方案（发散思维，Divergent Thinking），钻石的形状很好地说明了这一个现象（即先发散，再集中，最后汇聚成一个点）。双钻石设计则着重强调了钻石的思考过程需要进行两次而不是一次，一次确认问题定义，一次创建解决方案。在设计过程中我们往往会犯同一个错误，就是会忽略左手边的钻石，以至于没能清晰、正确地定义需求（Problem Definition），最终为错误的问题提供了一个解决方案（Deliver）。所以第一颗钻石阶段（发现和定义）的重点是要做正确的事，努力找到真正需要解决的问题，找到设计机会。第二颗钻石阶段（开发与交付）的重点就是确保用正确的方式，最后聚合到一个综合各方因素的最佳解决方案。为了探寻一个最好的想法，思维需要尽可能地保持高度的开放，不要让自己的思路被限制，以上的设计流程也需要在不断的重复迭代中逐步推进。这是一个设计想法被不断的产出、测试、选择、改进、迭代的振荡过程，当然，这个流程也是产出一个好设计的必由之路。

面对一个设计项目的实践过程，我们应遵循双钻模型的顺序不断推进我们的项目，这一过程主要包括四个阶段的挑战，英国设计委员会整理了 25 个工具分别运用在四个阶段的设计过程中，例如用户日记、定量调查、头脑风暴、焦点小组、用户旅程地图、角色扮演、物理原型、服务蓝图、测试、评估等。

第一个阶段：洞察问题、探索需求（Discover，发散）。这一步骤是项目的开始，设计师们应该以一个真实的视角去观察、审视周围的人、事物和行为，关注新兴的事物，收集真实、普遍和极端的需求。第二个阶段：定义需求、创建机会点（Define，聚焦）。该步骤是确定用户需求、识别和创建机会点的阶段，设计师去思考第一阶段探察的需求是否真实的存在？哪些是真正的刚性需求？我们应该从哪一个需求开始进行设计？同时哪一个需求是可以被解决的？这个阶段我们需要聚焦到一个今后设计创意的愿景和概要（POV）。第三个阶段：构思可能的解决方案、原型测试（Develop，再发散）。这一步骤需要充分地发散构思方案，提出尽可能多的不同的解决方案并且不断地创造、做原型、做测试、做选择、迭代。在这个过程中出现的问题是非常宝贵的，可以帮助设计师去不断地完善和改进他们的想法。第四个阶段：推进、评估和交付具有可行性的解决方案（Deliever，再聚焦）。到这一阶段，概念已经基本明确，可以用投票法（团队成员投票）和矩阵法（一个矩阵，横轴衡量可行性，纵轴衡量潜在影响）对精选的方案进行

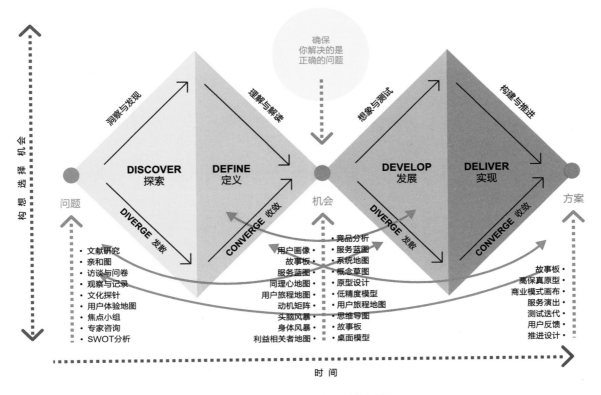

图 2-13　整理后的双钻石设计流程图

评估、选择。完善最终的设计方案，制作原型，测试原型是否解决了第一阶段的问题，如果问题没能很好地解决就还需要回到定义问题甚至更早的阶段，再次重复迭代过程直至交付设计结果（产品、服务或环境等）。需要补充一点，根据项目的不同或者项目中角色的不同，钻石的大小也会不一样，它具有一定的灵活性，图 2-13 在原双钻模型基础上进行了整理，并作为主要流程运用在服务设计的项目管理中。

（5）设计思维的发展

设计思维是一种方法论，运用设计思维可以帮助设计团队从无到有的创建新的产品、服务和商业模式。 在实际应用中，设计思维的执行过程和可视化模型会呈现不同的名称和阶段数量。一般来说，不同科研、设计机构设计思维的主要流程普遍在 3 步到 7 步或者更多，例如：定位—创建—评估（Engine）、发现—设计—交付（Frog Design）、表达—理解—制作（LUMA 研究所）、洞察—创意—原型—交付（Live|work）、What is?—What if?—What wows?—What works?（What×4，由全球设计思维、战略思维专家、工商管理专业教授珍妮·丽迪卡（Jeanne Liedtka）和蒂姆·奥格尔维（Tim Ogilvie）在《可设计的增长：管理者的思维设计工具箱》一书提出）、发现—概念—设计—创建—实施（Designthinkers），同理心—定义—概念—原型—测试（D. School）。但不论迭代流程的步骤有何变化，它的基本思想、核心内容、设计要点和所遵循的原则是基本一致的，就是以人为本、迭代性、多学科协作、可能性和可行性之间的不断推进，图 2-14 是香港设计中心的设计思维流程模型，图 2-15 左为设计构想需遵循的原则，右为小组设计提案的技巧分享。

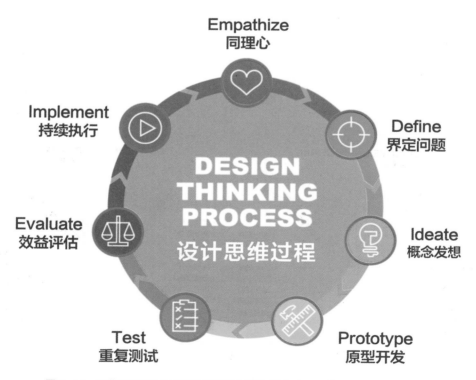

图 2-14　香港设计中心的设计思维流程（图片来源：https://www.unleashhk.org）

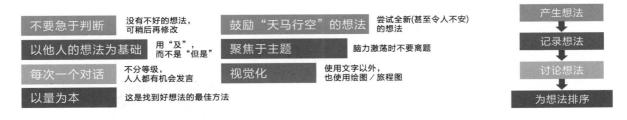

图 2-15 设计构想的原则和小组提案技巧（图片来源：https://www.unleashhk.org）

设计思维是一门不断发展的学科，近年来，新兴技术赋予了设计思维新水平。增强现实，虚拟现实和混合现实技术的进步使我们能够生动地体验和理解用户的观点。我们不仅可以深入了解问题，还可以以更具成本效益的方式测试可能的解决方案。客户关系管理（CRM）工具、大数据分析和人工智能使我们能够生成大量用户洞察数据集并大规模识别行为模式。算法和计算能力也有助于更快地产生更多数量的解决方案，而不会产生偏差。

而今，我们所有人面临的挑战和机遇是如何以技术可行，财务可行以及社会和环境可持续的方式满足人类需求。环境可持续性已成为商业和社会的热门话题。我们需要一种有利于人类，经济和地球的新设计方式。随着循环经济的提出和倡导，我们的"传统的制造—处置经济"转变为具有"闭环"的循环经济、其中材料、营养素和数据不断被重新利用。IDEO 与 Ellen MacArthur 基金会合作，推出了循环设计指南（图 2-16），以满足对替代、恢复和再生方法的新兴需求，这种方法可以创造新的价值并实现长期的经济、社会和生态繁荣。随之，设计思维在基本思想、执行流程、核心内容、设计原则等方面也会发生新的适应性变化。

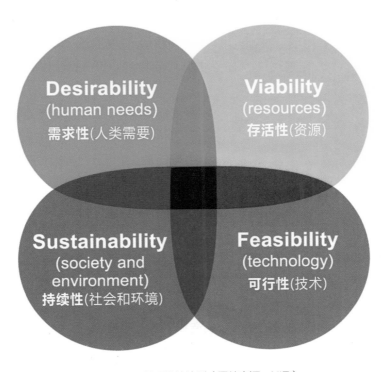

图 2-16 循环设计法则（图片来源：NIE）

第 2 章 设计课题与实训

33

2.1.2 AT-ONE 法则

在挪威，数据表明每 10 个新的工作岗位中有 8 个来自于服务行业，所有净就业的增长都来自服务业，今天约有四分之三的员工都在从事与服务相关的工作。为了改善行业的服务创新水平，解决供应和需求之间的落差以更好地提升用户体验，挪威研究理事会（NFR）和行业伙伴共同资助，由挪威奥斯陆建筑与设计学院（AHO）、挪威商学院（BI）、奥斯陆国立艺术学院（KHiO）、丹麦奥尔堡大学及英国 Live|work、挪威科技工

图 2-17 AT-ONE 使用手册
（图片来源：http://www.service-innovation.org）

业研究院（SINTEF）共同展开项目研究，AT-ONE 法则是该项目的研究成果，挪威设计委员会等在服务创新设计过程中使用了该方法。由西蒙·克拉特沃斯（Simon Clatworthy）撰写的《HOW TO DESIGN BESTER SERVICE》一书详细介绍了 AT-ONE 的使用方法（图 2-17）。

AT-ONE 是一种基于实践的服务设计方法，适合在服务设计的初期阶段使用，旨在最大限度地发挥服务创新初期的创新潜力，为项目团队提供帮助。AT-ONE 从创新方法研究和服务设计的商业经验中发展而来，一方面它将设计思维融入结构化的创新过程，另一方面利用诸如用户洞察力、文化理解、创造力等设计技能使设计师拥有创造具有吸引力和令人满意的解决方案的能力，以提高早期阶段的服务创新。

许多组织在进行服务设计项目研究和实践时，会习惯从产品创新的角度去看待服务创新，并使用产品开发中的方法、流程和术语展开设计工作。AT-ONE 则专注于产品设计和服务设计之间的不同元素，将设计创新集中在服务开发上。

该方法的每个字母（AT-ONE）都代表一种潜在的创新来源，它们可以一起使用也可以单独使用，通过在每个维度上的发散、聚合，从而尽早地发现设计机会和问题的解决方案。图 2-18~图 2-22 以图示化语言分别解读了 AT-ONE 法则中每个字母的意义，图片均来源于 http://www.service-innovation.org。

A：参与者（Actors）——服务通常由参与者以价值网络的形式进行复杂的协作来提供。关键是整合和配置各参与人的作用和关系，谁是新的参与者，如何促进新的参与者创造新价值，如何带来用户价值的提升，创新服务有相当大的机会。

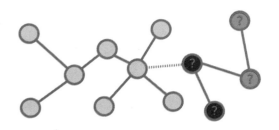

图 2-18 AT-ONE 的参与者图示

T：接触点（Touchpoint）——服务设计通常在服务执行过程中通过一系列接触点的设计创造良好的用户体验。随着服务的推移，会在多个接触点提供服务。一项好的服务需要寻求机会集成新颖、有效的接触点，去除薄弱的、开发得不好或协调性差的接触点。专注于接触点形成一个整体，以及如何创造新的接触点，可以提供良好的服务体验。

图 2-19 AT-ONE 的接触点图示

O：服务供应（Offering）——服务是多种多样的，服务机构需要清楚能向用户提供什么样的服务，这不单单与核心产品密切相关，更关乎服务机构理念的定位。服务供应专注于理解服务在功能层面、情感层面和自我表达层面是如何提供的。

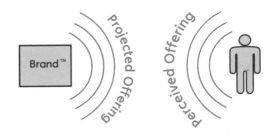

图 2-20 AT-ONE 的服务供应图示

N：用户需求（Needs）——服务应基于客户的需求和愿望。这一过程通过以用户为中心的多种研究方法创建角色模型，以此为载体引进用户视角，了解用户需求和在更大程度上满足用户需求，作为服务创新的起点。

图 2-21 AT-ONE 的用户需求图示

E：用户体验（Experience）——服务本质上是体验式的，体验可以设计和阶段化。通过定义所需的经验并为此开发词汇表，我们希望可以从经验拉动而不是传统的技术推动中开发服务。

图 2-22 AT-ONE 的用户体验图示

2.1.3 服务设计谱系图

（1）服务设计工具的来源与出处

服务设计作为一种伴随着服务主导型经济、互联网经济发展起来的新的设计范式，其理论、框架、方法、流程及工具的缘起和发展融合了多学科的研究成果。那些最初被使用的方法和工具来自于那些最早促成了服务设计实践诞生的领域：社会科学、商业、设计和技术。

在设计学科领域，服务设计借用了多个不同设计学科的设计流程，如视觉传达设计、产品设计、交互设计、设计思维等，融合了它们的图形表达方式以及特有的优势。而其中最主要的贡献来自于产品设计，多年来在产品设计领域，我们已经可以看到多种设计方法及技术的发展和建立，尽管这些工具现在已不能很好地适应更为复杂的方案设计和沟通。最近几年也出现了一些新的工具，它们直接来自于服务设计实践，因此它们不仅能够面对更复杂的设计问题，并且还能够准确传达项目的非物质层面的意义，如时间和体验。

服务设计工具谱系图（图2-23）来源于服务设计工具网站（http://www.servicedesigntools.org），是罗伯塔·塔西（Roberta Tassi）的毕业论文《Design della comunicazione e design dei servizi. Il progetto della comunicazione per la fase di implementazione》的研究成果。它系统介绍了服务设计领域被使用的各种设计方法的原始出处，包括最先被使用的领域、发明者和发明时间。图中的每一棵树是一个学科大类，每一个小枝是一个分支学科，每一颗果实则是一种设计研究方法。

服务设计在设计学领域的研究时间并不长，但服务设计思想的萌芽却有着更为悠久的历史，早期的许多思想、观念、方法和技巧主要来自于管理学、营销学和社会科学学科（图2-23最左边的树）。其解释、揭示了服务设计研究工具和方法与营销学科的渊源，如美国社会学家K·列文（K. Levin）和R·马尔顿（R. Merton）早在1940年提出的焦点小组（Fous Group）工具，其以集体访谈形式，发掘目标用户真实需求的方法被广泛用于产品设计、交互设计和服务设计中。斯坦福大学研究院商业管理顾问艾伯特·汉弗莱（Albert S Humphrey）在1965年提出的SWOT分析法，用以帮助设计师进行战略分析定位。

图中左边第二棵树则显示了服务设计研究工具和方法与社会学学科的渊源，例如1927年，迪士尼公司创始人沃尔特·迪士尼（Walt Disney）首次在动画片的电影分镜头脚本中使用的故事板（Storyboard）就是设计学科的常用的工具之一，以视觉元素呈现完整的故事情节，用以表达用户和产品、服务的所有交互过程。

图中最大的树则显现了设计学科对服务设计研究工具和方法的贡献，可谓枝繁叶茂。它源自于设计学科各专业，而且伴随着近年服务设计领域的探索与实践，涌现出很多新的工具，比如1983年美国营销学家林恩·肖斯塔克提出的服务蓝图（Service Blueprint），2003年意大利米兰理工大学Ezio Manzini等创建的系统地图（System Map创建）、动机矩阵（Motivation Matrix），IDEO创建的体验原型（Experience Prototype）等，用以解决服务设计领域更为复杂的设计问题，并逐步形成和完善服务设计这一新兴的学科体系。

图中最右边的小树是服务设计研究工具和方法与技术学科的渊源，基于人机交互的技术学科的工具主要用于模拟测试用户与未来产品或服务的交互，并进行评估。

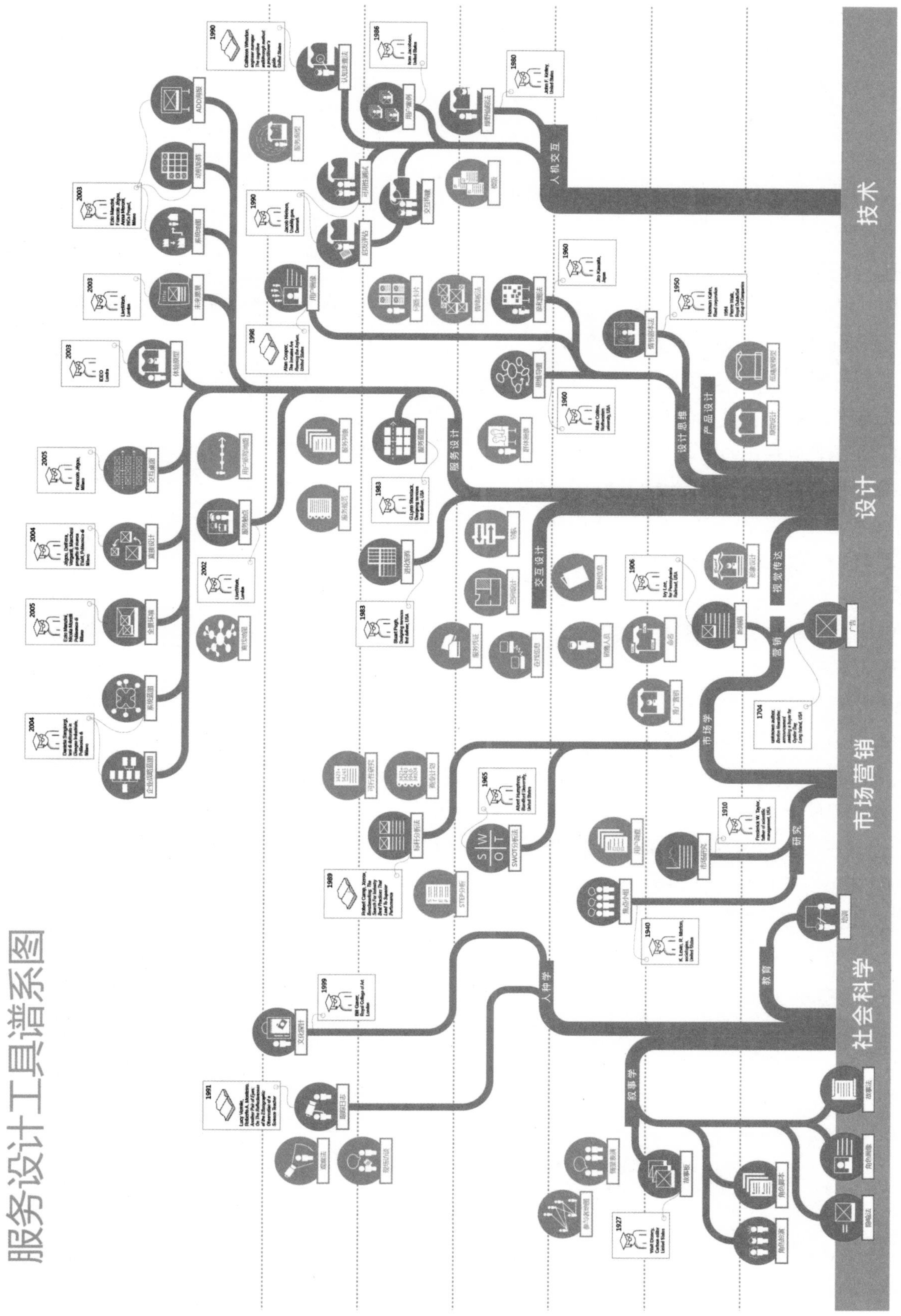

服务设计工具谱系图

第2章 设计课题与实训

37

图 2-23 服务设计工具谱系图（绘图者：[意]Roberta Tassi）

（2）服务设计工具在流程中的使用

服务设计工具在服务设计整个流程中的使用情况示意图（图2-24）同样来源于服务设计工具网站（http://www.servicedesigntools.org），作者为罗伯塔·塔西（Roberta Tassi）。

这张图展现了每种服务设计方法通常在哪些不同的设计阶段被使用，以及每种方法适用于和哪类人员来进行沟通。纵坐标从上至下分别是用户、操作员、验证样本、客户、技术员和设计师；而横坐标是服务设计的各个阶段：分析、构思、开发、实施、交付。

这个图表的目的是显示在设计过程中何时该使用这些工具以及它们可以支持哪种沟通方式。该图揭示了在一个假想的设计过程中与外部人物持续沟通的各个时刻，展现了用于建立对话的工具，和可能涉及的图形表达方式。

在图中，你会发现有些工具在不同的目标和不同的迭代过程中会出现多次，这表明这些工具适用于不同的设计阶段，也适合在不同的目标任务情况下使用。例如在过程的第一部分中使用的表达工具的某些特征仍可以在以后的项目实施阶段继续使用，甚至还可以在项目的服务交付期间使用。具体来说，像用户旅程地图（Customer Journey Map），它既可以用在问题洞察阶段，用以发现原有用户旅程中的痛点问题；也可以用在概念发行阶段，探索用户的体验期望；甚至还可以用在服务交付阶段，用来创建新的服务体验场景。

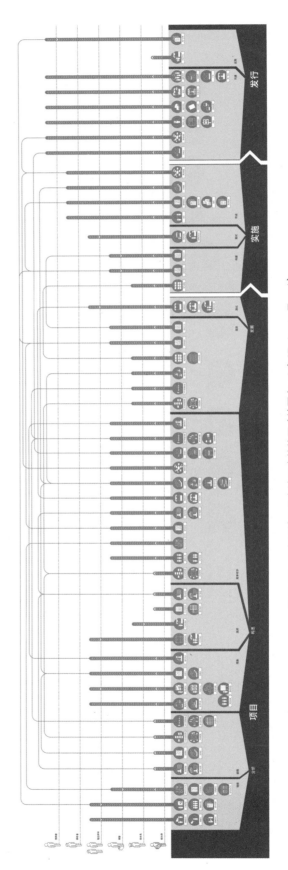

图2-24 服务设计工具在流程中的使用（绘图者：[意]Roberta Tassi）

（3）服务设计流程中的沟通

在服务设计工作流程中协作、沟通尤为重要，图 2-25 分析了影响沟通方式的因素，包括与谁沟通，在什么时间阶段，要表达什么，沟通的目的，以及如何沟通。图中具体展现了各个不同的设计阶段与不同的人群沟通的侧重点：分析阶段设计师与验证样本群体沟通，侧重系统和供给；构思阶段与客户沟通，需要全面的表达；项目发展阶段与技术人员沟通的重点被放在交互和供给上；项目实施与交付阶段则无需再与具体操作人员和用户来讨论项目的可行性。

对现有服务设计实践的分析，能够从总体角度出发来确定服务设计发展过程中出现的具体需求和沟通要求。图中所展现的系统让我们能够评估现有工具并确定他们的缺点及机会。

首先，沟通会受到接受者自身文化特征、能力和语言的影响（Who）。

沟通发生的时刻也很重要，因为它意味着不同的需求，以及对于服务概念的不同层次的接受程度（When）。这两个要素（接收者和阶段）确定了五种不同的十分有趣的情形，因为从交流的角度来看，它们是至关重要的。

然后，试图理解一个项目的哪些方面必须在项目的每个特定时刻进行沟通（What）。沟通的内容可以是情形、系统、服务供应、交互或可行性，每个沟通内容的深浅取决于具体情况。

沟通方式的选择取决于目标，这在认知的情感上或行为学上与特定的情形息息相关（Why）。

最后一步，取决于所有之前提到的要素——被采用的沟通方式（How）。这可以根据接受者的参与度和表达形式有所变化。

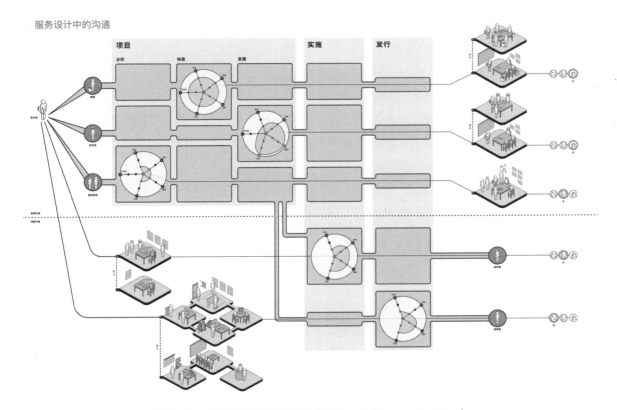

图 2-25　服务设计流程中的沟通（绘图者：[意]Roberta Tassi）

2.2 服务设计工具

设计是一门综合了设计思维、用户研究、可视化表达、价值分析的学科，设计思维、方法和工具就像烹饪美味菜肴的菜谱一样，虽然未必能保证我们成功，但可以帮助我们理清思路、高效的完成调研、定义、创意、实施等各项任务，达到设计的目标。上一节我们提到，服务设计的工具来自于社会科学、营销学、技术、设计学等多学科的贡献，和其他的设计专业所使用的工具、方法并没有太多的区别。但随着近年服务设计在实践领域的发展，也发展出了一批如用户旅程图、服务蓝图、利益相关者关系图、服务系统图、用户画像等服务设计领域的基本的工具。这一节我们重点将这些工具介绍给大家。

在这些工具中，有些工具在某一特定阶段使用。有些工具，如用户旅程图、服务系统图、故事板等，在探索发现、定义创新以及组织实施阶段会多次反复的被使用，不局限于某个阶段。

这些工具都基于共情的、深入的、以人为中心的观点和视角，对服务系统进行可视化呈现，只是呈现的切入点和重点各不相同。用户旅程图是以用户视角，梳理用户在服务流程中的行为和体验。利益相关者关系图是对服务系统中所涉及的利益相关者及其相互关系进行梳理。服务系统图，可以帮助设计师组织、设计和矫正随时间推移而显露出来的渠道、路径和触点之间的交互问题。服务蓝图是视觉化呈现服务系统中各个环节在前台的用户交互和后台的系统支持之间的关联关系。

在此节未涉及的工具及其使用方法，将在设计流程板块加以说明。

2.2.1 用户画像（Personas）

（1）什么是用户画像

用户画像也称为人物角色，是勾勒使用目标群体的真实特征、真实用户的综合原型。创造这些角色形象需要做出一些重要性的假设，并对其鉴定，在此基础上利用简洁的文字描绘和图像语言去描述他们。角色形象提供了清晰、视觉化的不同类型的用户的图片，辅助设计师在设计项目中体会并交流现实生活中用户的需求、行为和价值观。

（2）何时使用此方法

用户调研完成后，可使用用户画像方法总结交流你所得到的结论。在产品概念设计过程中，或与团队成员及其他利益相关者讨论设计概念时亦可以使用用户画像。该方法能帮助设计师持续性地分享对用户价值观和需求的体会。

（3）如何使用此方法

首先，可以通过定性研究、问卷调查、情境访谈、用户观察等方法收集与目标用户相关的信息。并在此基础上，建立对用户的理解，例如，其行为方式、行为主旨、共同性、个性和不同点等。通过总结目标用户群的特点，依据相似点将用户群体进行分类，并为每种类型建立一个人物原型。当人物原型所代表的性格特征变得清晰时，可以将他们形象化（如视觉表现、名字、文字描述等）。一般情况下，每个项目只需要3~5个用户画像，这样既保证了信息的充足又方便管理。

（4）主要流程

步骤1：收集大量与目标用户相关的信息，筛选出最能代表具体任务场景中的用户群。

步骤2：在具体的任务场景中，可能会有主要角色、二级角色与辅助角色，这是因为任务场景是一个故事，故事里如果有互动就可能是几个人了。

步骤3：创建3~5个用户画像。

（5）用户画像典型模板

用户画像模板（图2-26）参考自《THE SERVICE DESIGN DOING》，在绘制用户画像的人物角色原型时，一般会包括以下几个方面的元素：

A 肖像照片（Portrait Image）

展示一张有代表性的照片或图片。避免使用名人，防止偏见，增加真实性。性别、年龄、种族的草图或展示共同属性、目标、动机、任务或行为的照片要避免定性的假设。

B 名字（Name）

名字经常反映人物的传统和社会环境。有时，原型被添加为副标题，或者用作描述代表利益相关者或目标群体。

C 个人信息（Demographics）

个人信息就是给设计团队提供人物的背景和目标群体的特殊画像，例如年龄、性别和出生地。这也常会导致成见的假设，所以应该非常小心。

D 引述（Quote）

一句话概括用户的态度。这句话的意思很容易被人记住，而且能帮助团队成员快速对角色产生共鸣。

E 情绪意向图（Mood Images）

这些图片或速写，丰富了角色和背景的关系，形象地说明了角色的生活环境、行为模型、目标和动机。较为常见的方法就是把角色总是随身携带的如挎包、钱包或包内物品等作为背景图展示出来，表达情绪。情绪意向图可以用来作为对"书面描述"的进一步说明。

F 描述（Description）

描述可以用来揭示角色的特征、个性、态度、兴趣、技能、需求、期望、动机、目标、沮丧、角色喜欢的品牌和技术以及背景故事。这些信息包含了研究问题的背景文脉和角色相关的伙伴中的重要信息。避免使用关联到明确的设计挑战或研究性的问题等方面的信息。

G 统计数据（Statistics）

可视化统计总结了相关的定量信息，统计数据可以增强角色的可靠性——尤其当用于以定量为基础的管理和营销环境中使用时。统计数据可以是角色的起点，也可以用来证实更定性化的信息或描述。

（6）提示

1）引用最能反应用户画像特征的用户语言。

2）创建用户画像时切勿沉浸在用户研究结果的具体细节中。

3）有视觉吸引力的用户画像在设计过程中往往更受关注和欢迎，使用率也更高。

4）用户画像可以作为制作故事板的基础。

5）创建用户画像可以将设计师关注的焦点锁定在某一特定的目标人群，而非所有用户。

6）将每个用户画像的主要责任和生活目标都包含在其中，说明关键差异。

（7）案例

基于家庭膳食健康管理主题的工作坊，用户角色以城市新中产阶级人群为目标客户定位，设计小组通过对几个典型用户家庭展开调研的基础上，将对于角色的洞见、信息、想法、观念等以可视化方式构成一组虚拟的人物档案，用以代表某一类具有共同利益和特征的潜在目标用户群（图2-27）。

（8）思考题

1）用户画像在设计过程中有哪些具体作用？用户画像需要有哪些属性，一般提取多少个人物，他们之间存在什么关系？

2）以旅游为主题，基于同一个场景，提取3~5个人物角色。

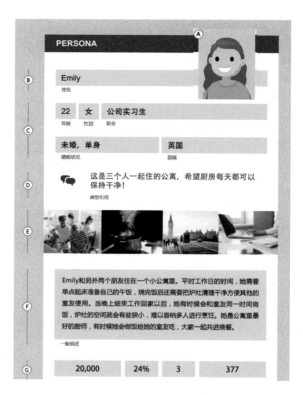

图2-26 用户画像工具模板

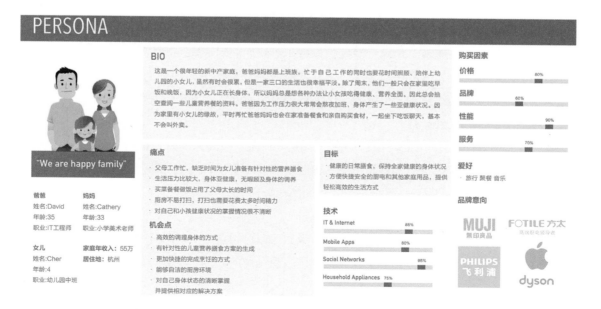

图2-27 用户画案例（设计者：叶晓辰、周一苇、赵蕙、张卉、陈姣）

2.2.2　用户旅程图（Customer Journey Map）

（1）什么是用户旅程图

用户旅程图在服务设计中是通往创新型解决方案的跳板，是了解完整用户体验并把它融入服务设计过程创新的主要方法，有时也称为 User Experience Map、User Journey Map 等。旅程图让无形的服务、体验可视化，便于团队成员之间共同理解、整合和生成有关完整客户旅程及体验的信息。旅程图并不能展现服务设计中所有的复杂选择，展现的是一个典型的或非常有趣的服务实例，其品质主要取决于收集数据的质量。它是一种高效且创新的工作方式，在工作坊和研究循环中不断发展、变化，旅程图能够链接组织中不同的部门和利益相关者。

（2）何时使用此方法

在整个服务设计项目中均可使用用户旅程图。项目初始阶段，可以帮助设计师了解现有服务旅程中各阶段的服务响应、客户体验及存在的问题，我们可以把它视为"现状"地图。在之后的服务定义、设计构思等活动跟进中，可以十分有效地帮助设计师在此基础上不断发现服务中一些重要的信息，并以迭代的方式重复推进新构想，直到描绘出一个新的用户旅程地图。

（3）如何使用此方法

设计师通过用户旅程图可以深入了解用户使用某项服务或产品以达成某个目标的完整过程，帮助设计师在面对复杂服务和客户体验时能纵观全貌。思考"用户的目标是什么？从用户的角度来看，哪些功能不错，哪些不佳？在使用产品或服务的整个过程中，用户的情绪是如何变化的？用户在交互过程中遇到哪些障碍？目前的路径是否可以有所创新？"等问题。在服务设计概念阶段，是一种结果呈现方式。用户旅程图也可以展示，有了新服务之后用户的任务流程是如何进行的？这些均有助于设计师改进设计方案。

（4）主要流程

步骤1：选择目标用户的类型并说明理由，尽可能详细并准确地描述该用户，说明信息来源渠道。

步骤2：在横轴上标示用户使用该项服务的完整过程，重要的是要以用户视角标记所有的活动，而不是产品功能和触点。

步骤3：在纵轴上罗列出各项问题，如用户目标是什么？用户的工作背景是什么？在使用产品或服务的整个过程中，用户的情绪是如何变化的？等等。

步骤4：添加该项目有用的任何问题，如用户会接触到哪些触点？用户会和其他哪些人打交道？用户会用到哪些相关设备？

步骤5：能运用跨界整合知识来回答每个阶段所面临的具体问题。

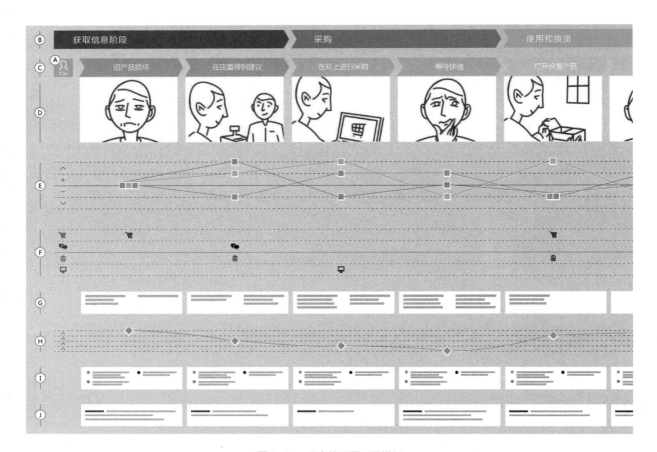

图 2-28　用户旅程图工具模板

（5）用户旅程图典型模板

用户旅程图模板（图 2-28）参考自《THE SERVICE DESIGN DOING》，在绘制用户旅程图时，一般会包括以下几个方面的元素：

A 主要角色（Main Actor）

旅程图关注主要参与者的经历，主要角色代表一个客户或雇员群体（即服务系统的使用者和提供者）。旅程图可以多种视角，比如，比较不同的客户群体或者将客户体验与员工体验进行比较。

B 阶段（Stages）

表现的是主要阶段参与者的体验。即在横轴上按照触点先后顺序，标注用户使用该服务的过程。比如，"问题和需求认知""购买信息搜索""物品评估""购买决定"和"购买后"的典型购买过程阶段。阶段有助于构建旅程图和研究规模的可视化。每一阶段通常包含几个步骤。切记要从参与者的视角来标记这些活动。地图表现得尽可能简洁，减少多余信息和最深层细节。

C 步骤（Steps）

旅程图从主要参与者的视角，将抽象的体验过程转化为一系列的步骤。步骤包含了参与者的所有体验，比如和其他人、机器或界面的交互；但是步骤也可以是活动，例如步行或等待。

每个步骤的详细程度取决于旅程图的整体规模。有时一个步骤可能包含几天的体验（例如，等待交付订购的物品），而其他时候一个步骤可能只代表几秒钟（例如，刷卡支付）。

D 故事板（Storyboards）

故事板通过插图、照片、截图或草图直观地呈现每一步骤，以讲述特定情况的故事。故事包含了他们的环境和上下文脉（背景）。故事板增加我们的移情，帮助我们快速理清路径。

E 情感旅程（Emotional Journeys）

情感旅程是表现主要参与者对每一步满意度的图表，从 −2（消极）到 +2（积极）的范畴。情感旅程形象化的展示特定体验中的显性的问题。

F 渠道（Channels）

渠道指在特定步骤中的任意沟通方式，比如面对面的交流、网站、APP、电视广告或打印广告。参与者绘制渠道有助于我们了解跨渠道的体验。一个高质量的地图要表现触点之间的所有可能的渠道。

G 利益相关者（Stakeholders）

旅程地图每一步都涉及的内部或外部的利益相关者，有些利益相关者直接负责某些部分。在研究、原型和实施等阶段中，利益相关者的绘制能帮助我们定义潜在关键参与者。

H 优美的曲线（Dramatic Arc）

优美曲线勾勒了参与者每一步的参与程度，从 1（低级）到 5（高级）。在戏剧、电影和书籍中，有张力的弧线是讲故事常用的概念，在服务设计中，这些曲线经常被用来映射体验节奏。

I 后台流程（Backstage processes）

后台流程可以视为流程图，它将由参与者的步骤联合形成的前台体验与后台流程联系起来。后台流程主要展示了特定步骤触发的部门和系统。包含后台流程的旅程图能够提供与服务蓝图一样的信息。这两种工具经常有重叠和混合。

J 如果…该怎么办（What if?）

"如果…该怎么办？"每走一步都问。"可能出什么问题？"这有助于检查适当的服务系统是否确立，发生重要的情节和问题能够通过拆分旅程地图可视化。

（6）提示

1）产品或服务的触点留在最后标注，因为需要改进的是用户旅程，所以不要过分专注于"用户需要用什么？"，而应该多注重"用户想要用什么？"。

2）灵活地运用纵坐标，每个项目的纵坐标都会有所区别。

3）使用不同的视觉表达形式，例如，用户旅程图可以是一个循环过程，不同的旅程可以相互交叉，可以通过比喻手法将体验过程视觉化。

4）要求用户自行定义服务使用的各个阶段，并让用户评价使用的体验和感受，从而帮助用户自行绘制使用旅程图。注意，不要只在用户情感体验层面找寻结果。

5）耐心地与项目中的不同利益相关者协同创作并绘制用户旅程草图，并为将来改进此图预留一定的空间。

（7）案例

搭乘火车： 图 2-29 描绘的是客户搭乘火车的旅程图，图例是一个粗略的草图。在绘制旅程图时，第一步是识别和确认连接用户和组织的服务接触点有哪些，这个接触点可以是物理的、虚拟的，或者是和人的。第二步通过按顺序连接的不同接触点来获得用户体验，加以分析。

图 2-30、图 2-31 分别是用户旅程图的草图范例和制作过程。

（8）思考题

1）什么是用户旅程图？在服务系统中能帮助设计师探索哪些方面的问题？

2）绘制某个熟悉的 APP 用户旅程图，基于用户，提出创新机会点。

3）基于自己的经验，与同龄人协同合作绘制旅游过程中某部分的用户旅程图，结合问题卡片工具，挖掘创新机会。

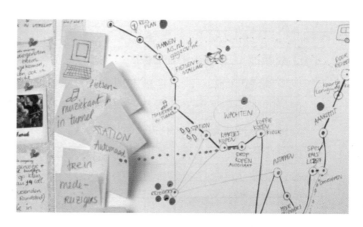

图 2-29　搭乘火车的用户旅程图草图
（图片来源：http://www.servicedesigntools.org）

图 2-30　用户旅程图草图范例
（设计者：赵凌楠、叶梦媛、庄晴骋、吴璐雯）

图 2-31　用户旅程图制作过程

2.2.3 服务蓝图（Service Blueprint）

（1）什么是服务蓝图

服务蓝图最早由美国营销学家 G·林恩·肖斯塔克（G. Lynn Shostack）在 1984 年提出，是系统描绘服务设计的重要方法。它以用户、服务提供者和其他利益相关者为视角，视觉化地呈现服务系统的流程和各环节细节，将客户体验，前台、后台员工工作、支持过程联系起来（图 2-32）。

服务蓝图是用户旅程图的延伸，是对前台、后台之间过程的联系及其依附关系的进一步展现。服务蓝图一方面说明用户是如何参与服务流程的、服务流程又是如何触发用户活动的；另一方面试图揭示、记录服务表象下，所有事物以及创建这些事物的组织内部结构。比如，业务如何构成后台，如何事先交付和运营——即将那些打造用户体验的深层次的、内部的工作可视化了。

图 2-32 服务蓝图前台 / 后台关系示意图

（2）何时使用此方法

一般在服务设计项目的定义、创意阶段使用该工具。

（3）如何使用此方法

由于服务蓝图需要将存在于服务系统的各利益相关者联合在一起协作完成服务蓝图的绘制，以期在后期执行服务任务时能保证服务完成的质量，意识到各利益相关者在服务团队中的责任，所以服务蓝图通常通过协作工作坊的方式来完成。

服务蓝图在服务设计构想阶段一般以草图形式表达，一旦确定了服务创新方案，服务蓝图将在实施阶段逐步翔实和完善。

因为服务环境、竞争关系和用户需求是不断变化的，所以服务蓝图也具有迭代性，需定期跟随服务环境、用户偏好等因素的变化进行修整，以保证服务体验不断优化。

（4）主要流程

步骤 1：在横轴上标示用户使用该项服务的完整过程，重要的是要以用户视角标记所有的活动，而不是产品功能和触点。

步骤 2：在纵轴上罗列出各项元素，如有形展示、客户行为、互动分界线、前台、后台行为等。

步骤 3：详细描述单个部门或雇员的流程，以及流程如何相互衔接，如何和客户活动链接等所有关系。

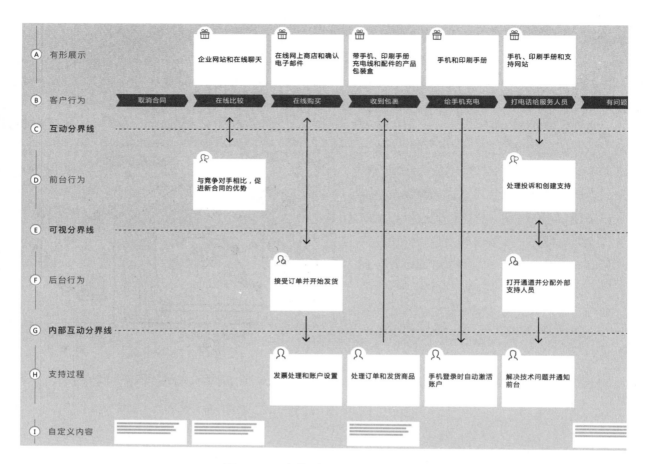

图 2-33　服务蓝图前台 / 后台关系示意图

（5）服务蓝图典型模板

服务蓝图模板（图 2-33）参考自《THE SERVICE DESIGN DOING》，详细描述单个部门或雇员的流程，以及流程如何相互衔接，如何和客户活动链接。在绘制服务蓝图时，一般会包括以下几个方面的元素：

A 有形展示（Physical Evidences）

有形展示是客户能接触到并能被设计的实物。除了有形的物品外，通过非物理渠道（比如电子邮件、短信或交互式语言应答系统）传递的信息页包含在这里。

B 客户行为（Customer Actions）

客户行为表现的是用户旅程图上用户使用该服务的过程，包括多个物理证据，在横轴上按照触点先后顺序标注。如"购买信息搜索""物品评估""购买决定"等典型的购买过程。切记要从参与者的视角来标记这些活动。地图表现得尽可能简洁，减少多余信息和最深层细节。

C 互动分界线（Line of Interaction）

互动分界线划分了客户行为和前台交互的边界。如果客户与一线员工交互，那么服务蓝图显示通过交互作用线进行链接。

D 前台行为（Frontstage Actions）

前台指的是用户直接接触的人员和过程，前台行为显示的是客户可见的一线员工的活动。可以详细描述不同一线员工的各种活动——可以看作是独立的泳道。

E 可见分界线（Line of Visibility）

可见分界线区分了前后台。如果一线员工所做的事情是后台行为的，他接下来所做的步骤将在后台行为通道里显现。如果一线员工与后台或支持员工交互，蓝图中的交互将会跨越视图线。

F 后台行为（Backstage Actions）

后台是用户看不到的人员和过程，后台行为是由一线员工执行但不被客户看到的活动，但影响着客户的体验。那些活动发生在可见分界线之下。后台交互行为既链接前台操作，也链接支持流程，这儿的泳道可视为通过特定员工描述后台行为。

G 内部互动分界线（Line of Internal Interactions）

内部互动分界线是外部组织的边界线。该线下方的流程是由其他部门或团队完成的支持流程。

H 支持流程（Support Processes）

支持流程是由其他组织或外部合作伙伴执行的活动。支持流程可以被客户行动、前台行动和后台行动触发，反之亦然（客户、前台和后台触发支持流程）。

I 自定义内容（Custom Perspectives/Lines/Lanes）

可以添加更多的通道，可视化项目的具体内容，比如，数字前端或后端活动的通道、技术系统清单、合理的规则和法规、甚至是清晰的外部交互线，以强调与外部伙伴和组织进行交互。

（6）提示

1）服务蓝图通常以团队协作方式完成，并建立在不同的利益相关者视角上。

2）服务蓝图也具有迭代性，需定期跟随服务环境、用户偏好等因素的变化进行修整。

（7）案例

为提升保险体验的服务设计： Gjensidige 是挪威最大的保险公司之一，其保险和银行业务在当时是完全分离的，Live|work 帮助 Gjensidige 提出为 20～30 岁人群提供结合金融和保险服务的想法。当时这一新的服务理念由完全不同的团队一起协同工作，创造了天衣无缝的客户体验，Live|work 和 Gjensidige 一起标记出保险和金融内在的"后台"进程，用一张服务蓝图重新定义它（图2-34）。之后蓝图就成为一个起点，为服务的最终实现提供可视化框架。

图 2-34　Gjensidige 保险的服务蓝图
（图片来源：http://www.servicedesigntools.org）

为改善就诊流程的服务设计：图 2-35 的服务蓝图标记了长老会神经诊所的病人和所有相关医护人员以及 Kassam 医生的就诊过程。服务蓝图帮助团队理解就诊体验的症结：混乱的后台进程，Kassam 医生在系统中的绝对重要性，以及缺乏病患等待时间的参与度及其对他们的关照等。

（8）思考题

1）什么是服务蓝图？服务蓝图的作用有哪些？

2）以旅游为主题，绘制服务蓝图，解决前台交互、后台交互、后台支持系统等存在的问题。

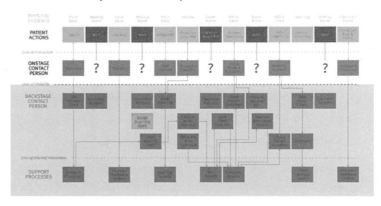

图 2-35　医疗就症的服务蓝图
（图片来源：http://www.servicedesigntools.org）

服务设计中通常需使用几种不同类型的系统图（System Maps），它基于系统论和系统思维，是系统的主要组成部分，如组织、服务或数字/物理产品的视觉或物理表达。系统图可以包括各种各样的要素，如人员、利益相关者、流程、结构、服务、物理产品、数字产品、渠道、平台、地点、途径、见解等。系统图通过可视化（纸面显示、物理模型、情境表演）表达、分析和设计多种要素之间的相互作用，使复杂的系统变得更容易理解。系统映射不仅可以用来映射现有（当前状态）系统，还可以映射未来（未来状态）系统的各种场景，以了解决策、要素或更改关系的影响。服务设计中的系统图：

利益相关者关系图（Stakeholder Maps）——说明了特定服务项目中涉及的各种利益相关者及他们之间的价值交换网络。该图用来了解谁参与其中，这些人和组织是如何联系起来的，并用以理解他们之间的价值流，如金钱、商品、服务、信息或信任。有时也称为价值网络图（Value Network Maps）。

服务系统图（Service System Maps）——也称生态系统图（Ecosystem Maps）。服务系统图是利益相关者关系图和价值网络图的进一步扩展，用于可视化表达复杂系统内的各要素（如利益相关者、机器、界面、设备、场所、平台、系统等）之间的资金流、信息流、物质流、交互关系等。

2.2.4　利益相关者关系图（Stakeholder Maps）

（1）什么是利益相关者关系图

利益相关者指有直接或间接利益关系的个人、团体或组织。利益相关者关系图就是将服务系统中所涉及的用户、员工、服务提供方和其他利益相关者按重要程度和影响力进行分类，并详细说明他们之间的价值交换。"价值"意指实物产品、服务以及财务价值，如利益相关者 A 向 B 提供资金，利益相关者 B 提供服务作为回报。交换的价值也可能不那么有形，例如信息、信任或身份。利益相关者关系图可以从整体上厘清服务系统中不同参与人（或组织）之间的关联关系和相互作用，通过网络的信息流或资金流显示系统的价值，从中挖掘易忽视的利益相关者、发现服务痛点和机会、寻找新的服务资源分配和扩展的可能性，帮助我们找到看不见的服务创新点和商业机会。

如果图中包含了人员和组织之外的参与者，例如"IT 后端系统"，则利益相关者关系图将发展为服务系统图（Service System Maps），也可以称为生态系统图（Ecosystem Maps）。这使设计者不仅可以具象化人与人之间的相互作用，还可以看到人—机器、机器—机器之间的相互关联。

（2）何时使用此方法

一般在服务设计项目的洞察、定义及创意阶段都可以使用该工具。

（3）如何使用此方法

首先，设计师尽可能找出所有利益相关者——罗列并分类（内部和外部），其中内部是指直接参与事件的主体角色，如股东、投资者、员工、供应商等；外部是指会间接受到事件影响的角色，如政府、社区、政府监管机构、行业集团、媒体、竞争对手等。

其次，通过分析厘清项目中各利益相关者是如何联系在一起的，又是如何相互作用的，将其动机、利益和价值交换（Value exchanges）全部列出，洞察存在的问题和潜在的改进机会。利益相关者之间的价值交换可以通过单独的箭头从一个利益相关者指向另一个利益相关者。除了描述，图标有助于说明价值交换的方式，几乎在所有情况下，价值交换都是以某种形式双向进行的，可见在可持续的价值链中"免费的午餐"确实是不存在的。

（4）主要流程

步骤 1：有哪些利益相关者？起草一份包含所有利益相关者的清单。

除受访者以外，还需开展大量案头工作找出所有的关系人，甚至是那些根本未关注到的利益相关者，有些情况下这部分利益相关者可能是实现服务创新、提升良好服务体验的关键。为了避免遗漏，可参考四象限图盘点谁是利益相关者（图 2-36）。

步骤 2：如何将利益相关者定位在相应区域？

利益相关者模板的三个圆圈分别代表不同的利益相关者群体，按群体特征或重要性进行划分。排布方式可以按（A）客户—（B）内部利益相关者—（C）外部利益相关者，或是（A）重要的利益相关者—（B）次要的利益相关者—（C）其他利益相关者，一般以客户为中心的组织会将客户置于中心。

步骤 3：哪些利益相关者更重要？

将利益相关者进行可视化表达，分析项目中的各利益相关者的关系并加以描述，"谁是参与体验的最重要的人和组织？哪些是系统的中心或是瓶颈？"项目中，有些角色和服务系统的利益相关度很高，有些则并不在乎。在后续创建或改善服务的时候，则需抓住主要矛盾，根据他们与事件的利益相关程度及在事件中影响能力的大小，对利益相关者之间的关系加强或是削弱，方法可以参考图 2-37。

步骤 4：和核心利益相关者研讨，洞察实现共赢的要点。

该角色希望得到什么信息？如何沟通？该角色的意见可能会影响到哪些人，这些人是否会成为新的利益相关者？该角色能从中得到什么利益，物质和精神两个层面？如何激发不同角色的积极支持？

步骤 5：可视化表达利益相关者之间的价值交换（Value exchanges）。

用箭头和线条绘制利益相关者价值交换（Value exchanges）的流向和形式，主要包括信息流、物质流、资金流等，洞察存在的问题和潜在的改进机会。

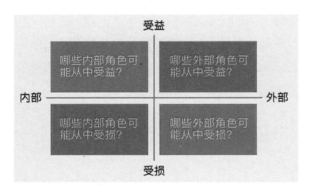

图 2-36　利益相关者四象限图（绘图者：吴坤）

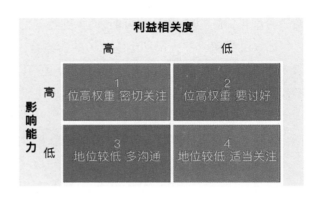

图 2-37　利益相关者相关度分析图（绘图者：吴坤）

（5）利益相关者关系图典型模板

模板（图 2-38）参考自《THE SERVICE DESIGN DOING》，一般会包括以下几个方面的元素：

A 客户（Customers）

B 内部利益相关者（Internal Stakeholders）

C 外部利益相关者（External Stakeholders）

小 A： 利益相关者间的信息流、物质流、资金流、行为交互关系等价值交换方式和流向。

小 B（Service System Maps）： 当出现利益相关者（人和组织）以外的参与者，如界面、平台、系统等时，该图演化为服务系统图，也称生态系统图。详见 2.2.5。

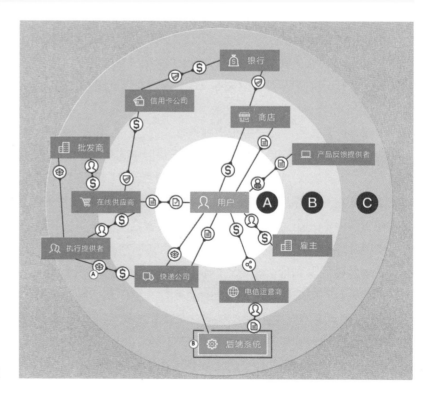

图 2-38　利益相关者关系图工具模板

（6）案例

图 2-39 为盲人公交出行服务系统的利益共享者关系图。图 2-40、图 2-41 为不同形式的利益相关者关系图的案例示意。

（7）思考题

1）什么是利益相关者，其包含哪些角色？利益相关者关系图有什么作用？

2）分析和绘制学校食堂的利益相关者关系图，厘清各利益相关者之间的关系。

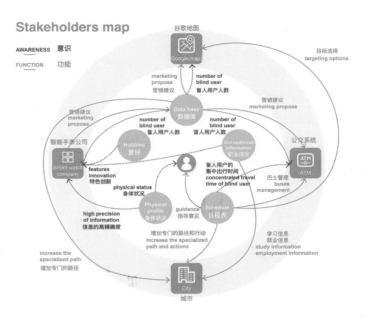

图 2-39　盲人公交出行利益相关者关系图（设计者：周一苇）

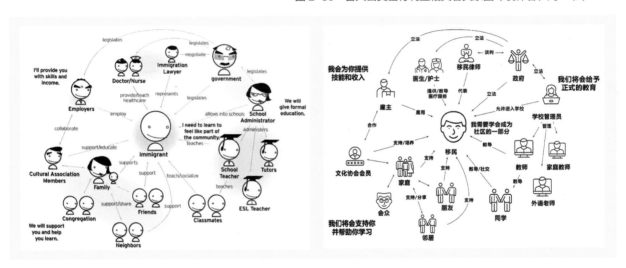

图 2-40　利益相关者关系图案例示意 1（图片来源：http://www.servicedesigntools.org）

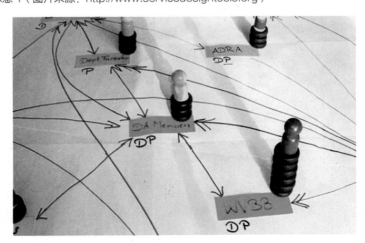

图 2-41　利益相关者关系图案例示意 2
（图片来源：http://www.servicedesigntools.org）

2.2.5　服务系统图（Service System Maps）

（1）什么是服务系统图

服务系统图（Service System Maps），也可以称为生态系统图（Ecosystem Maps），用来表述服务系统存续的动态机制。服务系统图帮助设计师厘清渠道、路径和触点互相之间存在的体验裂缝，流程以及员工、客户和其他利益相关者如何做、如何体验以及他们在新的环境中的行为，清晰的表达各元素之间的信息流、资金流、物质流以及行为交互关系。服务系统图不仅暗示着复杂系统的存在，还暗示着系统的可持续性发展，这意味着系统内的所有行为者随着时间的发展双向互惠的交换价值。

（2）何时使用此方法

一般在定义创新阶段、组织实施阶段使用该工具。

（3）如何使用此方法

服务系统图和价值网络图近似但更具系统性和复杂性。就如上一节所说，当出现利益相关者（人和组织）以外的参与者（如界面、平台、系统等）时，价值网络图演化为更复杂的服务系统图。服务系统图通过动态的流向箭头将服务系统中的各要素链接在一起，最终呈现整个服务系统的架构、特征、目的、价值流向、可行性，服务系统图是提交服务提案的重要手段之一。

（4）主要流程

步骤 1：参与者清单。服务系统图中的参与者可以是可视化系统的任何内容：人员、部门、组织、场所、机器、界面、设备、平台和系统等。

步骤 2：区域定位。按亲疏关系绘制平台界限和系统界限，还可以按不同的组织、部门或地理区域分类（例如建筑物、城市或国家）

步骤 3：设计步骤 1 中的参与者图标，可参考"Service System Maps"中的图标。

步骤 4：研究组织服务或影响服务的各要素之间的关系，并使用不同的箭头表示物质流、信息流、资金流及行为交互关系，可参考"Service System Maps"中的图标。

步骤 5：通过重新组织利益相关者之间的合作方式来产生新的服务概念。

（5）服务系统图典型模板

服务系统图最早由意大利米兰理工大学 Ezio Manzini、Carlo Vezzoli 等于 2003 年提出，图 2-42 为服务系统图典型模板。在绘制服务系统图时，一般包括以下几个方面的元素（图 2-43）：

A 参与者（Actors）

所有的系统参与者：利益相关者（人和组织）、界面、平台、系统等。

B 动态流（Flows）

系统内各要素的信息流、物质流、资金流、行为交互关系等价值交换方式及流向。

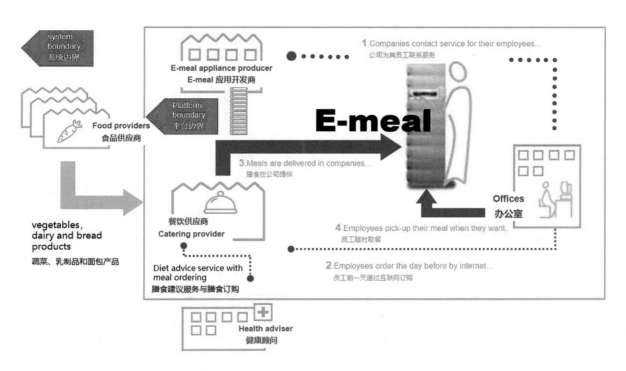

图 2-42　服务系统图典型模板（图片来源：[意]Ezio Manzini、Carlo Vezzoli）

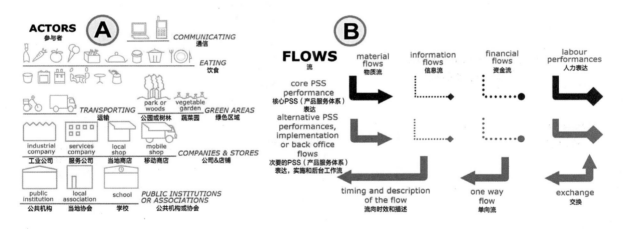

图 2-43　服务系统图模板要素及图标（图片来源：[意]Ezio Manzini、Carlo Vezzoli）

（6）提示

1）公平性设计原则。一般系统渠道的公平性是非双向的，比如乘客办理登记手续迟到 5 分钟，那么要么误机，要么就得支付巨额附加费。相反，如果航班因为晚点而使旅客耽误行程，旅客只能怪自己运气不好。基于这种现象，赫尔辛基机场提出的服务解决方案是：在旅客滞留机场时，提供了各种休闲的活动和设备，在一定程度上缓解了用户和组织（服务提供方）之间的矛盾。

2）可持续性设计原则。可参考流程树、SDO（Sustainability Design-Orienting Toolkit）等工具。

（7）案例

图 2-44 是米兰理工大学 LENS 课程项目为印度理工学院所做的校园食物供应服务系统提案。系统中的学生、校园中央厨房、本地供应商、配送员、周边餐厅等利益相关者通过线上线下的服务完成订餐、送餐、食物分享、厨余清理等一系列可持续的、多向互惠的价值交换。

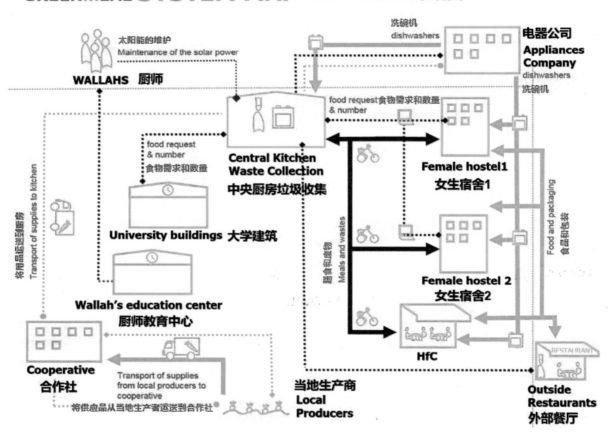

图 2-44　校园 GREENMEAL 服务系统图（设计者：Chiara Del Gaudio、Lorenzo Davoli、Michael Camilleri）

服务系统图还有其他不同形式的案例，在定义创新和实施时可灵活运用。

1）通往罗马考古之门

该项目是 Domus 的 DARC 研究中心为罗马商会开发的新概念，用于改善游客参观罗马的体验。研究的目的是确定获取历史和文化遗产的新战略，该战略基于三个关键方面：城市中有趣但鲜为人知的景点对人们的吸引力，提供支持史迹探索的工具，以及沉浸式体验的工具。

所构想的新服务系统的所有接入点都通过可视化语言表达，其中包括通过产品提供的所有可能的历程。同时，为了支持角色和功能体验，展示设计提案中的所有设备和基础设施（图 2-45）。

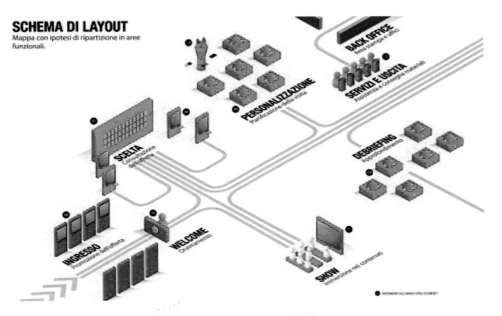

图 2-45　通往罗马考古之门（设计者：Domus DARC 研究中心）

2）FIAT MULTI+ACTORS

在菲亚特的项目上，Live|work 使用这种环状视觉再现方式揭示了系统的复杂程度，帮助他们寻找机会点，激发新观点，以便获得服务和内容的系统视角，建立整体服务概念。该图描述了司机与汽车的关系，然后扩展至其他乘用车辆、其他服务、社区等。所有参与者随着时间的推移互相双向地实现着价值互换（图 2-46）。

图 2-46
FIAT MULTI+ACTORS
服务生态系统图
（设计者：菲亚特未来设计团队）

3）FLICKR 生态系统模型图

由布莱斯·格拉斯（Bryce Glass）在 2005 年提出的 Flickr 模型图（图 2-47），该服务系统图将文字和图形以一种有效的视觉表现形式结合在一起。其中，颜色的使用，对象的不同大小以及它们在可视化空间内的方式有助于阅读图形并理解整个系统。

（8）思考题

1）什么是服务系统图，在服务系统图设计过程中需要考虑哪些因素？

2）以学校生活设定一个主题，绘制服务系统图，寻找存在的裂缝，并提出修改设想。比如以选课为主题，研究线上、线下选课过程中存在的裂缝。

3）以旅游为主题，绘制服务系统图，寻找渠道、路径和触点互相之间存在的体验裂缝；分析信息流、资金流、物质流，人流；探讨服务系统的可持续。

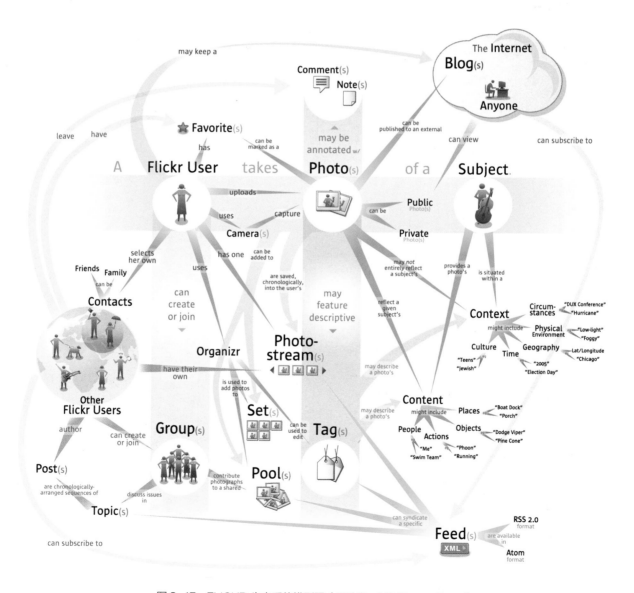

图 2-47 FLICKR 生态系统模型图（设计者：[美]Bryce Glass）

2.2.6 商业模式画布（Business Model Canvas）

（1）什么是商业模式画布

商业模式画布因亚历山大·奥斯特瓦德（Alexander Osterwalder，瑞士）和伊夫·皮尼厄（YvesPigneurg，比利时）共同编著的《商业模式新生代》而走红（图2-48）。

商业模式画布是讨论商业模型概念的综合性视觉工具，能帮助创业者催生创意、降低猜测和商业风险。商业模式画布将九个关键模块整合到一张画布之中，用以灵活的描绘或者设计商业模式。它将商业模式中的元素标准化，并强调元素间的相互作用。

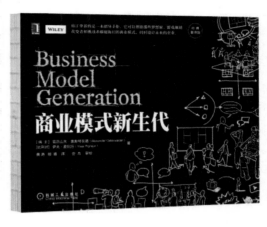

图 2-48 《商业模式新生代》

（2）何时使用此方法

商业模式画布可用于服务设计的各个阶段。通过商业模式画布，设计师可以看清与正在开发的服务有关的经济、环境等影响因子，系统地回答"我们创造什么样的价值?""我们为谁而创造?""我们如何交付服务 / 产品?""哪个概念能使各利益相关者实现价值预期?"等问题，帮助设计师评估和完善创意，快速地将一项服务商业化。

商业模式画布工具可以在新产品或服务创意之前，规划新产品或服务的商业模式。可以是老产品或服务的商业模式迭代，用商业画布对于老产品做一个复盘，做一个剖析和诊断。可以用商业模式画布把竞争对手的商业模式做一个系统的、完整的分析，也可以作为销售作战地图使用。

（3）如何使用此方法

商业模式画布是说明商业运行机制的重要方式，也是一种用来系统反映商业模式、描述商业模式、可视化商业模式、评估商业模式以及改变商业模式的通用语言工具。整个画布分为九个主要功能区域，他们之间的联系也可通过箭头或手绘图形表示，在使用过程中，将模板打印在较大的纸张上，便于设计团队所有成员都能参与头脑风暴式的讨论，促使整个团队对商业模式展开分析、讨论、决策。

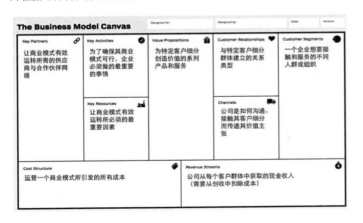

图 2-49 商业模式画布工具模板
（图片来源：http://www.sohucom/a/163641980_355064）

（4）主要流程

步骤1：收集资料，将相关商业画布的信息放进笔记中，做好素材收集和梳理工作。

步骤2：将商业模式画布放在一个较大的平面（如白板，长桌等），根据下图商业模式画布工具模块（图2-49）中 A-I 顺序（也可根据企业的偏重进行调整），结合收集素材依次进行头脑风暴，将每个点子都单独记在一张便利贴上，并贴在相应的模块里，直至每个板块都有大量可选方案。

步骤3：经过讨论分析，依次留下每一模块中最好的点子，将多余的便利贴摘掉。

步骤4：探讨不同便利贴内容之间的关系，并将其关联起来，得出商业模式的最佳方案（图2-50）。

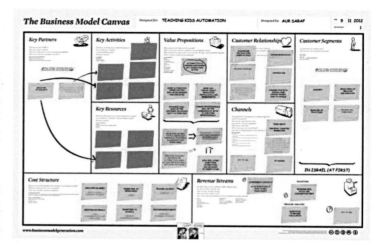

图2-50　探讨商业模式画布中各模块的关联关系以得到最佳商业方案
（图片来源：http://www.sohucom/a/163641980_355064）

（5）商业模式画布典型模板

在绘制商业模式画布时，一般会包括以下几个方面的元素（图2-49）：

A 客户细分（CS，Customer Segments）

用来描述一个企业想要接触和服务的不同人群或组织。回答"解决我们正在为谁创造价值？谁是我们最重要的客户？"等问题。

B 价值主张（VP，Value Propositions）

用来描绘为特定客户细分创造价值的系列产品和服务。回答"我们该向客户传递什么样的价值？我们正在帮助我们的客户解决哪一类难题？我们正在满足哪些客户需求？我们正在提供给客户细分群体哪些系列的产品和服务？"等问题。

C 客户关系（CR，Customer Relationships）

用来描绘公司与特定客户细分群体建立的关系类型。回答"我们每个客户细分群体希望我们与建立和保持何种关系？哪些关系我们已经建立了？这些关系成本如何？如何把它们与商业模式的其余部分进行整合？"等问题。

D 渠道通路（Channel System）

用来描绘公司是如何沟通接触其客户细分而传递其价值主张。回答"通过哪些渠道可以接触我们的客户细分群体？我们如何接触他们？我们的渠道如何整合？哪些渠道最有效？哪些渠道成本效益最好？如何把我们的渠道与客户的例行程序进行整合？"等问题。

E 收入来源（R$，Revenue Streams）

用来描绘公司从每个客户群体中获取的现金收入（需要从创收中扣除成本）。回答"什么样的价值能让客户愿意付费？他们现在付费买什么？他们是如何支付费用的？他们更愿意如何支付费用？每个收入来源占总收入的比例是多少？"等问题。

F 成本结构（CS，Cost Structure）

运营一个商业模式所引发的所有成本。回答"什么是我们商业模式中最重要的固有成本？哪些核心资源花费最多？哪些关键业务花费最多？"等问题。

G 关键业务（KA，Key Activities）

用来描绘为了确保其商业模式可行，企业必须做的最重要的事情。回答"我们的价值主张需要哪些关键业务？我们的渠道、通道需要哪些关键业务？我们的客户关系呢？收入来源呢？"等问题。

H 核心资源（KR，Key Resources）

用来描绘为特定客户细分创造价值的系列产品和服务。回答"我们该向客户传递什么样的价值？我们正在帮助我们的客户解决哪一类难题？我们正在满足哪些客户需求？我们正在提供给客户细分群体哪些系列的产品和服务？"等问题。

I 重要伙伴（KP，Key Partners）

让商业模式有效运作所需的供应商与合作伙伴的网络。回答"谁是我们的重要伙伴？谁是我们的重要供应商？我们正在从伙伴那里获取哪些核心资源？合作伙伴都执行哪些关键业务？"等问题。

（6）提示

1）与头脑风暴类似，参与讨论的成员不要急于否定任一想法。每个人都应对新想法持欢迎态度，并不断调整与改进这些新想法。

2）如果一个想法过于不切实际，则可增加一个与之相近但更符合实际的想法或直接将其改为更实际的想法。使之由一个"问题"转化为一个潜在的"机会"。

3）选定最佳商业模型后，即可开始撰写更为详细的商业计划书。

（7）案例

经典经济学早已阐述：一项好的商业模式本质上是传达一个具有独特价值的故事。创业者们需对商业愿景和市场有充分的思考，才能创造出独特价值，所谓"人无我有，人有我优，人优我廉，人廉我转"。如共享单车市场，有的采取的是"人有我优"的市场战略，而有的则采取"人优我廉"的市场战略。图2-51、图2-52分别为廉航和兔子骑行的商业模式画布。

（8）思考题

1）商业模式画布分哪几个功能模块？

2）商业模式画布的功能模块各有何作用？

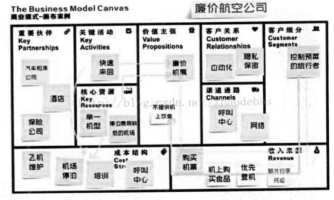

图2-51 廉价航空商业模式画布案例示意（图片来源：https://blog.csdn.net/zhaodebbs/article/details/68942404）

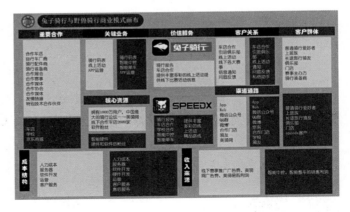

图2-52 兔子骑行商业模式画布案例示意（图片来源：https://blog.csdn.net/zhaodebbs/article/details/68942404）

2.3 服务设计课程实验

　　服务通常是不可见的，服务设计既有对现有服务的改进和优化，也会创建一种全新的服务。如将一种新服务推向市场，甚至是创造一个新市场，但多数情况还是前者。2019年德国IF设计奖的服务设计类最高奖——金奖颁发给了中国的"微信扫码购"，颁奖词说道："这项服务展示了零售购物场景下，以顾客为中心、'即扫即走'的最优方案，是对用户友好的最佳设计"（图2-53）。还有一个典型的案例就是共享单车服务，相比之前销售单车到提供单车共享服务，就是创建了一种全新的服务模式。但之后在此基础上推出的ofo、小明单车等服务，就是在原有基础上的优化（图2-54）。

　　服务设计从根本上来说，是在设计一种关系，客户和服务提供商、所有利益相关者的关系，和服务流程各环节的关系，和各服务触点间的关系等。通过关系的改善和优化提升整体服务流程的顺畅度，提升客户的服务体验，并使服务中的所有利益相关者都能获取价值。服务设计的类型有很多，以使用为导向的、以结果为导向的、以产品为导向的。最后的输出方式涉及服务流程创新、商业模式创新、数字原型设计、物理原型设计等。而服务设计师则是在以人为中心的基础上，使无形的服务变得可见、服务体验更人性化、服务流程更合理并实现价值共创。

图2-53　微信扫码购（图片来源：https://zhuanlan.zhihu.com/p/59651363）

图2-54　共享单车共享平台

之前文中反复强调过，服务设计和其他设计专业的区别在于服务设计使用的特定工具和方法（例如用户旅程、服务蓝图、服务原型等），而不是设计过程本身。不管设计什么，总是需要理解用户的需求，总是在迭代地工作，总是有分散和聚合的过程，这是设计活动的共同特性。例如，你可能会做一些初步的研究，然后根据你的洞察和分析进行思考，开始一些原型设计活动，结果发现你必须回去做更多的构思，或者更多的研究来解决在原型制作过程中发现的问题，然后继续对工作原型进行迭代最终进入实施阶段，设计过程总是这样不断地前进和适应，直到找到最具可行性及价值的解决方案。

在后面的章节中，我们将要深入了解服务设计项目是如何运行的，它包含哪些主要的活动，工具和方法又是如何使用的。我们以双钻模型为基础，将服务设计的迭代过程分解为 4 个主要的课程实验（步骤），以探索（DISCOVER）—定义（DEFINE）—发展（DEVELOP）—实现（DELIVER）（图2-55）的发散和聚合，完成界定问题、识别设计机会到提交设计方案的完整流程。

在下图中，我们可以看到，第一颗钻石通过探索阶段的发散到定义阶段的收敛，最终识别和确认设计的机会点，这一步的核心就是要确保拟解决的是正确的问题，而非其他。要做到这一点的关键在于洞察和发现是否观察到症结所在，理解和解读是否准确。第二颗钻石就是在识别机会的基础上，通过前期大量的构思方案的发散过程，逐步通过原型测试、投票、可行性分析等收敛过程聚焦到方案交付。下一步我们将通过四个主要的课程过程性实验来体验服务设计的核心活动和主要流程。

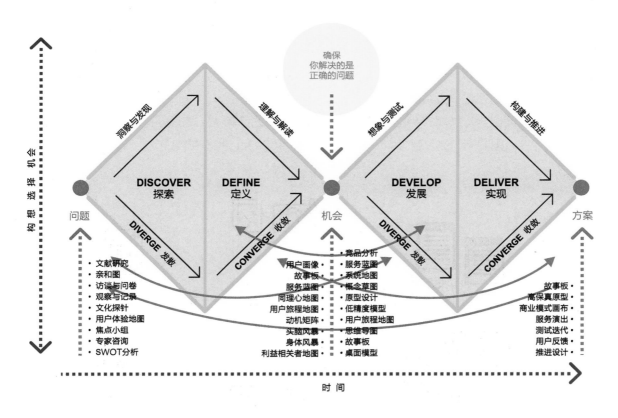

图 2-55 服务设计的双钻模型

2.3.1 探索（Discover）——洞察与发现

（1）工作流程

探索（Discover）——洞察与发现处于双钻模型中第一颗钻石的发散阶段（图 2-56）。该阶段是以问题为原点，在建构同理心基础上，通过洞察和发现探索潜存问题和用户需求。这一过程包括以下几部分的工作：

1）确立问题：确定我们的研究背景、研究范围、研究问题、研究计划及样本选择。

2）数据采集：通过和客户的对话，听他们说些什么？通过眼睛观察、记录客户的行为，场景中的交互，看看我们看到了什么？变身为客户（自我人种志方法）构建同理心，尝试理解客户。思考通过以上互相补充的方法采集到的信息经过分析意味着什么？数据采集方法主要包括以下五类：文献研究、桌面研究；自我人种志方法；参与方法，如参与观察、情境访谈、深入访谈、焦点小组等；非参与者方法，如非参与者观察、流动人种学、文化探针等；协作工作坊，如共同创作角色、旅程地图和系统图等。

在现代定性与定量分析研究中，任何单一的分析方法都不可避免地有其局限性，比如在客观数据收集的全面性上，或在主观判断的准确性上。为了最大限度地准确、全面地分析问题，一般

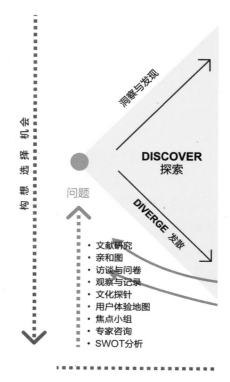

图 2-56　服务设计的探索阶段

来说，建议设计团队至少在每个种类中选取一个方法，以抵消单一形式的研究偏差，对同一主题从不同角度进行分析，图 2-57 参考自《THE SERVICE DESIGN DOING》。

图 2-57　服务设计探索阶段使用不同类型研究方法以抵消单一形式的研究偏差

（2）工具和方法

在这一阶段会具体用到很多相关工具进行观察，例如，用于前期研究的桌面调研、文化探针、访谈、观察、焦点小组、共同创造等。下文我们将列举比较常用的一些工具和方法进行具体介绍。

1）文化探针（Cultural Probe）

① 什么是文化探针

文化探针（设计探针）由英国皇家艺术学院的比尔·盖弗（Bill Gaver）、图尼·杜恩（Tuny Dunne）和多莫斯设计学院的伊莲娜·帕森迪（Elena Pacenti）于1999年开发，是一种极富启发想象的设计工具，它能根据目标用户自行记录的材料来了解用户。研究者向用户提供一个包含各种辅助探析的工具包，帮助用户记录日常生活中的特定事件、服务体验和交互等，在这个过程中帮助设计师提供丰富的资源作为设计灵感（图2-58）。

图2-58　文化探针工具（图片来源：李存/荷兰埃因霍芬理工大学博士提供）

② 何时使用此方法

文化探针方法适合用于设计项目概念生成阶段之前，因为此时依然有极大的空间可以寻找新的设计可能性。探讨工具能帮助设计师潜入难以直接观察的使用环境，并捕捉目标用户真实"可触"的生活场景。这些探析工具犹如太空探测器，从陌生的空间收集材料。由于收集的材料无法预料，因此设计师在此过程中能始终充满好奇心。设计师可以从用户文化情境中寻找新的见解，感受用户自身记录文件带来的惊喜与启发。

③ 如何使用此方法

文化探针研究可以从设计团队内部的创意会议开始，确定对目标用户的研究内容。文化探针包裹中包含多种工具，如日志、相机、文氏图、地图、物品标签、品牌标识板等，也包括任何好玩且能鼓励用户用视觉表达他们的故事和使用经历的道具。

主要流程

步骤 1：在团队内组织一次创意会议，讨论并制订研究目标。

步骤 2：设计并制作探针工具。

步骤 3：寻找一个目标用户，尝试探针工具并及时调整设计。

步骤 4：将文化探针工具包发送给选定的目标用户手中，并清楚地解释设计的期望。该工具包将直接由用户独立参与完成，期间设计师与用户并无直接接触，因此，所有的作业和材料必须有启发性且用户能独立完成。

步骤 5：提醒参与者及时送回材料或亲自收集材料。

步骤 6：在跟进讨论会议中与设计团队一同研究所得结果。

④ 探针工具包

文化探针的工具包很多，常用的工具包括但不局限于：地图——你与其他人在什么地方会面、你梦想去什么地方、你不喜欢去什么地方等，相机——一次性相机 / 用于拍摄，相册——从照片创建故事、物品标签，日志——笔记、笔、便利贴等，本部分罗列几个常见的工具供读者参考。

事件的时间轴和服务历程图：时间轴用来记录个人或集体经历的事件或历程。可以将其设定为以当天为起点，两边左右延展的简单事件序列，或以任何事件（如年、月、周等）为单位的时间轴，这取决于具体目标，可以几天，也可以数十年，以此了解观察内容的变化情况（图 2-59）。请受访者按照时间来回顾常常有助于他们更现实的预估未来的需求和愿望，也可以显现当下的需求和担心。这个方法可以针对个人，使其在准备好的模板上完成，也可以针对一组人，使用墙面和便利贴来完成。这样一来，就可以以历史的视角对组织和人群的洞见及其未来目标进行归纳。

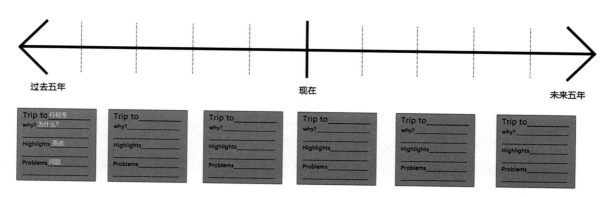

图 2-59　事件的时间轴和服务历程图工具（图片来源:《Service Design:From Insight to Implementation》）

相机：要求受访者拍摄指定的东西，比如书桌、垃圾箱、自己羡慕的人、最近的一顿饭、最近购买的一件物品等，然后传输到网络。相机跟日志有异曲同工之妙，受访者可以拍摄一些他们不愿意让外人拍摄的私人物品和活动。但这样操作，人们可能半途而废，需要给适当的奖励。另外要罗列一个拍摄清单给受访者，可以是图，也可以是文字。

日志：用于记录一件事或一段时间内发生的事。可以书面形式记录，也可以录音或视频，还可以在日志中加入照片。日志通常能够流露出更贴近生活的想法和感受，所以比访谈更真实。人们在日记中所透露出的对人生的想法和感受，往往多于他们在接受访谈时所给出的。但日志只能让观察者看到受访者让你看到或是他们认为重要的东西，需要之后再跟踪访谈，继续了解某些特定的问题。

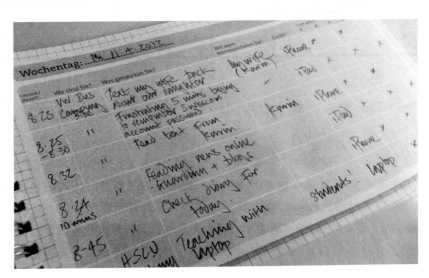

图 2-60　针对瑞士电信研究项目的结构化日志 / 项目某参与者的移动设备使用情况
（图片来源：《Service Design:From Insight to Implementation》）

日志的形式不必过于拘泥，它可以是严谨的，也可以是开放的。可以以罗列清单的方式让受访者按照要求提供日志。例如要求受访者记下某种移动设备的使用时间或使用详情（图 2-60）。也可以让他们在空白的日记本上随便写一些自己想写的东西。有结构的日志便于对比和整理，而开放式的日志则可以提供更感性的个人体验，但这需要更多分析工作。

视觉方式解读：相对于口头表达，受访者用手绘等视觉形式对事物进行解读更具有表现力。这个方法对孩子们更有效，对他们表达自己的情感更有帮助。成人受访者有些会害怕手绘表达，因此需要在受访之前，让他们清楚地知道任何涂鸦和画法都可以，不必在意"画好"的压力。

物品标签：给受访者提供一些写有使用说明的标牌或标签，标出他们身边某些具有特别属性的物品（如"最珍贵的"或"冲动购买"等），甚至可以给出"第一、第二、第三"这样的标签，要求他们按自己的评价等级排列家中的物品（图 2-61）。这些标签的意义在于打开话题，解释为什么对这些物品进行如此评论。你很快便会发现，受访者开始讲述他们与这些物品的故事，在这个过程中，洞悉他们的个人价值和信念。

品牌标识板：品牌标识是一个简单的对访谈很有用的工具，能发挥提示和激发重要洞见的作用。某些品牌，人们一年只使用几次，时常不记得使用的商品或服务的感受。可以制作一张品牌表（图2-62），直观的视觉材料，在访谈中可以激发讨论或引发一个感人的故事，方便人们指出使用的产品或服务的品牌及其选择的方式与动机。这种方法也可以用于探讨某些媒体，如杂志、网站等。

图 2-61 物品标签工具（图片来源：《Service Design: From Insight to Implementation》）

图 2-62 品牌标识板工具（图片来源：《Service Design: From Insight to Implementation》）

文氏图（Venn diagram）：英国哲学家和数学家约翰·维恩（John Venn）1881 年发明，或译温氏图、维恩图、范氏图，是表示集合（或类）的一种草图（图 2-63）。例如，蓝色的圆圈（集合 A），可以表示两足的所有活物，黄色的圆圈（集合 C）可以表示会飞的所有活物，黄色和蓝色圆圈交叠的区域（叫作交集）包含会飞且两足的所有活物——比如鹦鹉。

在访谈和工作坊中，文氏图是一个很有用的工具，适用于很多不同的目的，它可以将活动或行为以视觉化的方式进行分类。例如，可以用文氏图来询问受访者这些问题：在互联网上做某事时是否感觉顺手？他们会向全职医生还是专家征求医疗建议？网站上各个层级需要有什么样的信息……文氏图的好处是不需要什么平面设计技巧，提前准备好一个比较大的模板挂在墙上，就可以促进讨论，也可以随便调整位置。文氏图中有叠加层项，否则中间的区域就空着，重叠区域往往是项目聚焦的设计点。类似的图还有欧拉图。

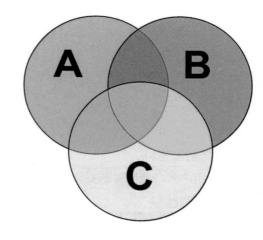

图 2-63 文氏图（绘图者：[英]John Venn）

⑤ 提示

1. 探针工具具备足够的吸引力；

2. 探针工具只需保持基本的完成感，如果太过精细完美，用户会不敢使用；

3. 指定好玩且有趣的任务；

4. 将设计师的目的解释清楚；

5. 提倡用户即兴发挥；

6. 使用探测工具前先进行测试，以确保各项表述的准确性。

⑥ 思考题

1. 本书介绍了哪些文化探针工具？如何运用？

2. 从校园生活中寻找一个主题，使用常用工具进行分析。

2）用户观察（User Observations）

① 什么是用户观察

通过用户观察，设计师能研究目标用户在特定情境下的行为，深入挖掘用户"真实生活"中的各种现象，攸关变量、现象与变量间的关系（图2-64）。

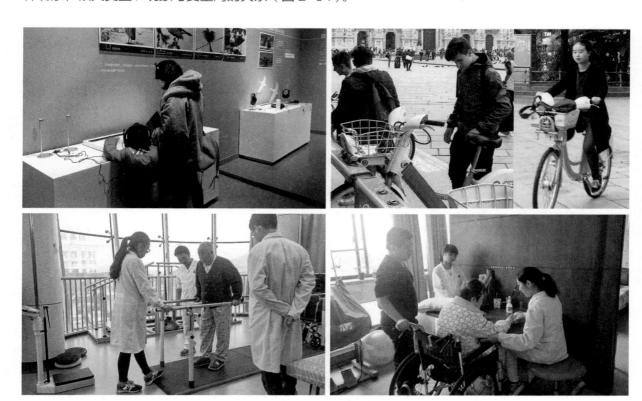

图2-64　用户观察法（图片来源：周一苇等（上）/蒋欣恒等（下））

② 何时使用此方法

不同设计项目需要论证不同的假设并回答不同的研究问题，观察所得到的五花八门的数据亦需要被合理地评估和分析。用户观察主要研究对象是人的行为，以及人与社会技术环境的交互。设计师可以根据观察明确定义的指标以及描述、分析并解释观察结果与隐藏变量之间的关系。

当服务中的某些现象、攸关变量以及现象与变量之间的关系一无所知或所知甚少时，用户观察可以帮助设计师，也可以通过它看到用户的"真实生活"。在观察中，会遇到诸多可预见和不可预见的情形。在探索设计问题时，观察可以帮助设计师理解什么是好的服务体验，以及观察人们在服务系统中的交互过程，能帮助设计师改进服务设计。

运用此方法，设计师能更好地理解设计问题，并得出有效可行的概念及其原因，由此得出的大量视觉信息、影像信息也能辅助设计师更专业地交流设计决策。

③ 如何使用此方法

如果想在毫不干预地情形下对用户进行观察，则需要隐蔽，不被观察者发现，但有侵犯个人隐私的嫌疑，或者也可以采用问答的形式来实现。更细致的研究则需要观察者在真实情况中或实验室设定的场景中观察用户对某种情形的反应，视频拍摄是最好的记录手段。也可以采用其他方式，如拍照片或做笔记、用户观察和访谈结合使用，以积累更多的原始数据，设计师能更好地理解用户思维。

影子计划（SHADOWING）是常用的观察方法之一，"A day in Life"，通过对被观察者一天日常行为观察及影像记录，有助于发现对方潜在的未被满足的需求。在影子计划中，研究人员必须融入消费者、第一线员工或幕后工作人员的生活之中，借以观察他们的各种行为与经验。影子计划让研究人员有机会亲眼看到服务过程中发生的问题，有时候甚至能发现消费者与员工都没有认知到的问题，因为在观察过程中可以看到服务过程中不同角色之间在不同服务接触点的即时互动。同时，影子计划也是一种很有用的技巧，有助于发现人们在哪些情况下会有言行不一的举止出现。

④ 主要流程

为了从用户观察中了解设计的可用性，需要进行以下步骤：

步骤 1：确定研究的内容、对象以及地点（即全部情境）。

步骤 2：明确观察的标准：时长、费用以及主要涉及规范。

步骤 3：筛选并邀请参与人员。

步骤 4：准备开始观察。事先明确观察者是否允许进行视频或照片拍摄记录；制作观察表格（包含所有观察事项及访谈问题清单）；做一次模拟观察试验。

步骤 5：实施并执行观察。

步骤 6：分析数据并转录视频、音频（如记录视频或音频中的对话等）。

步骤 7：与项目利益相关者交流讨论观察。

⑤ 提示

1. 务必进行一次模拟观察。

2. 确保刺激物（如模型或服务原型）适合观察，并及时准备好。

3. 如果要公布观察结果，则需要询问被观察者材料的使用权限，并确保他们的隐私受到保护。

4. 考虑评分员之间的可信度。在项目开始阶段计划好往往比事后再考虑来得容易。

5. 考虑好数据处理的方法。

6. 每次观察结束后应及时回顾记录并添加个人感受。

7. 对利益相关者参与的部分进行分析以加强其与项目的关联性。但需要考虑到他们也许只有一两点感受作为参考。

8. 观察中最难的是保持开放的心态。切勿只观察已知事项，需要接受更多意料之外的结果。鉴于此，视频是首要推荐的记录方式，便于反复观察。

3）情境访谈（Contextual Interviews）

① 什么是情境访谈

情境访谈是在服务过程发生的情境中进行访谈工作。设计师为获取用户信息而进行的引导性谈话。这能帮助设计师更好地理解消费者对服务的认知、意见、缴费动机及行为方式。设计师也能通过访谈从业内专家处收集相关信息（图 2-65）。

图 2-65　情境访谈法（图片来源：刘芊妤等（上左）/周一苇（上中、右）/龙志宇等（下左）/蒋欣恒等（下右）　拍摄）

② 何时使用此方法

情境访谈能够帮助受访者陈述一些特定的细节，深入洞察特殊的现象、特定的情境、特定的问题、常见习惯、极端情形和消费者偏好等。访谈的对象可以是消费者、员工或是任何与服务相关的利益相关者。

为了达到不同的目标，在新服务开发过程的不同阶段均可使用情境访谈的方法。在起始阶段，访谈能帮助设计师获得受访者对现有服务的评价，获取服务使用情境的信息，甚至是某些特定事项的专业信息。在服务的概念设计阶段，访谈也能用于测试设计方案，以得到详细的受访者反馈。这些均有助于设计师选择并改进设计方案。情境访谈应用于开发消费者已知的服务时效果最佳。开发全新的服务时，文化探针和用户观察方法等更适合。

③ 如何使用此方法

在情境访谈之前，准备一份确保在访谈过程中能够覆盖所有相关问题的话题指南。该指南既可以是结构严谨的（如问卷形式的），也可以是根据被采访者的回答自由组织的。设计师可以在实践之前做一次实验性访谈。

访谈的数量取决于设计师是否已经得到所有期望的信息。如果设计师认为下一个访谈难以得出更新的信息，则可停止访谈。研究表明，在评估消费者需求的调查中，10~15个访谈能够反映80%的需求。

访谈可以结合拼贴画方法一起使用，增加互动，刺激受访者的话题。拼贴画制作参见拼贴画章节。

④ 主要流程

步骤1：制定访谈指南（图2-66），涵盖真实使用场景，能够挖掘用户行为动机等问题的相关话题清单。

步骤2：邀请合适的采访对象，并对访谈用户进行分类，如性别、年龄、职业、使用动机、个性特征、价值观、生活方式等。选择4~5名受访者，梳理短时间深度采访中的所诉内容（比如45分钟的时长），形成一个可行的纲要和观察结果，修正指南。

步骤3：根据修正指南，实施访谈。一个访谈通常时长为1小时左右，访谈过程中往往需要进行录音记录。

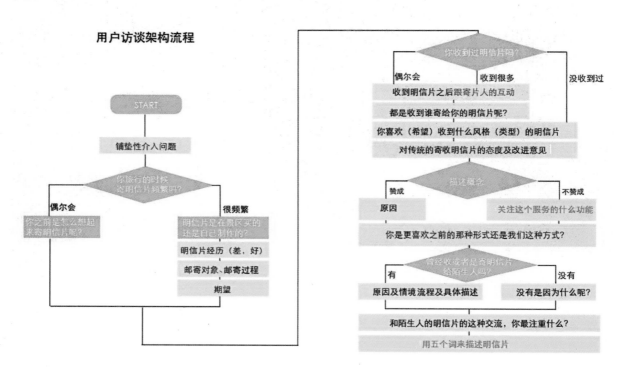

图2-66 访谈指南（图片来源：辜苇 绘制）

步骤4：记录访谈具体内容或总结访谈笔记。

步骤5：分析所得结果并归纳结果（图2-67）。

⑤ 提示

1. 访谈需要在一个轻松但不会分散彼此注意力的氛围中进行。

2. 用普通的问题开场，如现有服务的使用和体验等，而不要直接展示设计概念。这样才能让被采访者循序渐进地进入使用环境。

3. 事先合理分配各类话题的时间，确保有足够的时间预留给最后几个重要的话题。

4. 如果需要使用视觉材料，如概念设计图，则此图的质量也至关重要。首先要搞清楚受访者是否理解问题，或者他们是否有问题问采访者。

访谈摘要	需求与分析	设计机会
访谈对象A： "我一般会寄自己在明信片店定制的明信片，或者选择具有当地特色的明信片，遇到自己喜欢的我自己还会收藏一套。"	**明显需求：**有特色的明信片。 **潜在需求：**专属或者特色的分享体验。 **需求分析：**明信片作为一种情感分享的载体，用户对于其特色性或专属性的需求比较明显。	云邮应该将专属和特色体验做到极致，这是用户最为关注的点： 1. 拍照定制明信片； 2. 应用LBS技术添加位置水印； 3. 基于LBS技术提供当地精选图片； 4. 个人空间云备份，满足收藏需求。
访谈对象A： "我比较关注寄送明信片的那个感觉：精选的邮戳、亲自制作或挑选、一字一笔手写、分享当时的心情等。另外就是明信片版式设计问题。"	**明显需求：**明信片寄送过程的寄送感觉。 **潜在需求：**情感性需求。 **需求分析：**明信片寄送已经是寄送者对于情感的追求和分享。情感化是必须值得关注的点。	云邮应更关注用户情感体验，将情感体验融入到线上和线下的体验中： 1. 线上制作＋商户线下云打印＋寄送体验； 2. 虚拟语音、视频照片＋实体明信片分享心情。

图 2-67　访谈总结（图片来源：辜苇 绘制）

4）趋势分析（Trend Analysis）

① 什么是趋势分析

趋势分析是通过对有关指标的各期对基期的变化趋势的分析，帮助设计师辨析客户需求和商业机会，从而为进一步制定商业策略、设计目标提供依据，也能催生创意想法。

② 何时使用此方法

趋势是指在较长周期内（大约 3 至 10 年内）发生的社会变化。这些变化不仅与人们不断变化的喜好（如时尚或音乐）相关，也与更广泛的社会发展（如经济、政治和科技等）密不可分。趋势分析往往在项目设计或制定战略设计的开始阶段实施，分析所得的趋势报告不仅能启发灵感，还能帮助设计师认清推出新产品或服务所面临的风险和挑战。

③ 如何使用此方法

设计师试图从趋势分析中找到以下几个问题的答案：在未来 3 至 10 年内，社会、市场和科技领域将会有怎样的发展？这些发展相互之间有何关联？他们什么时候相互促进？什么时候相互抑制？这些变化趋势又将对一个机构的战略决策产生怎样的影响？这些趋势所带来的威胁和机会分别是什么？基于这样的发展趋势，我们能想到哪些产品或服务的创新？

在分析阶段，可以采用趋势金字塔从以下四个层面对趋势进行趋势评估：

1. 微型趋势，是指发生在产品或服务层面的变化，时间范围是 1 年；

2. 中型趋势，是指发生在市场层面的变化，时间范围是 5 年；

3. 大型趋势，是指发生在消费者层面的变化，时间范围是 10 年；

4. 巨型趋势，是指发生在社会层面的变化，时间范围是 10 至 30 年。

每个趋势金字塔包含一个特定的主题，例如，政策趋势、科技趋势或老龄化趋势。图 2-68 为美国皮尤研究中心（Pew Research Center）对美国社会 1950 年到 2060 年的老龄化趋势做的分析图。

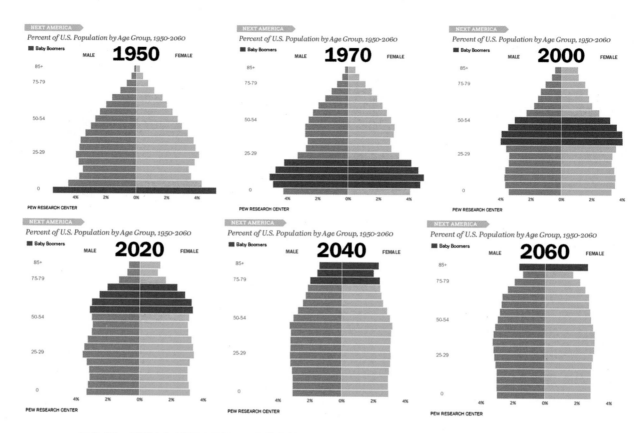

图2-68　美国社会1950年到2060年的老龄化趋势分析图（图片来源：[美]Pew Research Center）

④ 主要流程

步骤1：尽可能地列出各种趋势。找寻趋势的方式有很多，如报纸、杂志和互联网等。

步骤2：使用一个分析清单（如DEPEST清单）帮助整理相关问题和答案。

D= 人口统计学（Demographic）；E= 生态学（Ecological）；P= 政治学（Political）；E= 经济学（Economic）；S= 社会学（Social）；T= 科技（Technological）。

步骤3：过滤相似的趋势并将各种趋势按照不同类别进行分类。辨析这些趋势是否有相关性，并找到他们之间的联系。

步骤4：将趋势信息置入趋势金字塔中。依据DEPEST等趋势分析清单设定多个趋势金字塔。

步骤5：基于趋势分析，确定有意思的新产品或服务研发方向。也可将不同的趋势进行组合，观察是否会催生新的设计灵感。

⑤ 提示

1. 在步骤1中，尽可能地列出各种趋势，不要在乎是否过多或是否有相似的趋势。

2. 使用分析清单检验趋势的两个重要原因：为处理和整理大量的趋势信息提供有利工具，能用于辅助评估趋势带来的结果。

3. 此方法也可以用来确定目标用户群的喜好。

4. 尽可能地使用各种资源寻找趋势信息。

5. 尝试将这些趋势视觉化，可以参照场景描述法。

5）SWOT 分析（SWOT Analysis）

① 什么是 SWOT 分析

SWOT 分析法，即态势分析法，由优势（Strength）、劣势（Weakness）、机会（Opportunity）、威胁（Threat）四部分组成，这些因素皆与企业所处的商业环境息息相关。前两者代表机构内部因素，后两者代表机构外部因素。外部分析（O、T）的目的在于了解机构及其竞争者在市场中的相对位置，从而帮助机构进一步理解公司的内部分析（S、W）。SWOT 分析所得结果为一组信息表格，用于生成服务创新流程中所需的搜索领域，此方法具有简单快捷的特点。优势：是在控制范围内的组织或情况内部的积极属性；劣势：是在控制范围内的可能妨碍你实现目标的能力的内部因素；机会：是组织或项目应该（或可以）发展的外部因素；威胁：是在你的控制范围之外的可能使组织或项目处于风险中的外部因素。

② 何时使用此方法

SWOT 分析通常在创新流程的早期中执行。该方法的初衷在于帮助机构在商业环境中找到自己的定位，并在此基础上做出决策。

③ 如何使用此方法

从 SWOT 的表格结构可以看出，SWOT 分析的质量取决于设计师对诸多不同因素是否有深刻的理解，因此十分有必要与一个具有多学科交叉背景的团队合作。

研究过程将与研究对象密切相关的各种主要内部优势、劣势，外部机会和威胁等通过调查一一列举，并依照矩阵排列，然后用系统分析的思想，把各因素相互匹配加以分析，从中得出一系列相应的结论，可以对研究对象所处的情境进行全面、系统、准确的研究，从而根据研究结果制定相应的发展战略、计划以及对策等。

在执行外部分析时，可以根据诸如 PEST（详见"趋势分析"）之类的分析清单提出相关问题。外部分析所得结果能帮助设计师全面了解当前市场、用户、竞争对手、竞争服务，分析机构在市场中的机会以及潜在的威胁。在进行内部分析时，需要了解机构在当前商业背景下优势与劣势，以及相对竞争对手而言存在的优势与不足。内部分析的结果可以全面反应出机构的优点与弱点，并且能找到符合机构核心竞争力的创新类型，从而提高机构在市场中取得成功的概率。

④ 主要流程

步骤 1：确定商业竞争环境的范围。问一问自己："我们的机构属于什么行业？"

步骤 2：进行外部分析。可以通过回答以下问题进行分析：当前市场环境中最重要的趋势是什么？人们的需要是什么？人们对当前服务有什么不满意？为什么是当下最流行的社会文化和经济趋势？竞争对手都在做什么，计划做什么？结合供应商、经销商以及学术机构分析，整个行业的发展有什么趋势？

步骤 3：列出公司的优势和劣势清单，并对竞争对手逐条评估。将精力主要集中在机构自身的竞争优势及核心竞争力上，不要太多关注自身劣势。因为要寻找的是市场机会而不是市场阻力。当设计目标确定后，也许会发现机构的劣势可能会形成制约该项目的瓶颈，此时则需要投入大量精力来解决这方面的问题。

步骤 4：将 SWOT 分析所得结果清晰地总结在 SWOT 表格中，并与团队成员以及其他相关利益者交流分析成果（图 2-69）。

⑤ 提示

1. 确定机构竞争环境范围时一定要谨慎。成功的 SWOT 分析，首先需要定义合适的竞争环境范围，该范围可宽可窄，选择时也没有普遍的规则可以参考。

2. 试着从威胁中寻找机会。例如，严格的环境政策可以视为对机构现有项目的威胁，但也可以视为开发创新服务的机会。

3. 机会绝对不会从天上掉下来，需要花时间精力来创造。

Strength

一键可以报警，得到相关帮助。

Weakness

目前校园报警服务功能单一，当真正发生意外时，没有意识去触发报警器，而是传统的打电话报警。外加校园内教学楼报警器分布无规则，一时无法找到确切位置，急救系统后勤人员工作分配混乱。

Opportunity

结合社会背景，目前校园安全隐患的发生率逐年增加，得到了社会更多的关注。再者目前国内的校园急救系统单一，可开发的机会很多。

Threat

国内校园急救系统没有成熟的关系网，没有得到广泛的推广，传统应急处理方式根深蒂固。

图 2-69　SWOT 分析图（设计者：陈笑楚、张宇博、乔永恒）

（3）案例

设计课题：小空间·大创意

该课题为米兰理工大学服务设计专业的一个短期设计工作坊，主要针对都市中年轻人因房价高昂普遍存在的生活空间狭小问题，通过对目标消费群体、居住环境（厨房、浴室、书房、卧室、起居室）等的观察，对衣食住行各方面提出服务创新提案。从而进一步思考我们的生活方式发生了什么变化？传统环境如何改变其角色、边界和身份？这些变化又是如何影响我们的生活的？如何通过设计创建新的商业模式、品牌运作、服务体验和价值诉求？

探索阶段工作任务：准备一份简短的研究方案，透过表面现象对消费群体展开深入研究，发现人与产品、空间和服务的关系，洞察消费者的价值观和信仰。内容包含：拍摄研究对象、场景等的照片和录像（图 2-70）；受访者访谈笔记（每位受访者 1 份，图 2-71）；根据收集的图片、数据、视频等整理洞察清单（图 2-72）。

图 2-70　用户观察（图片来源：Alice、Caterina、Jun Ling、Xing Liu）

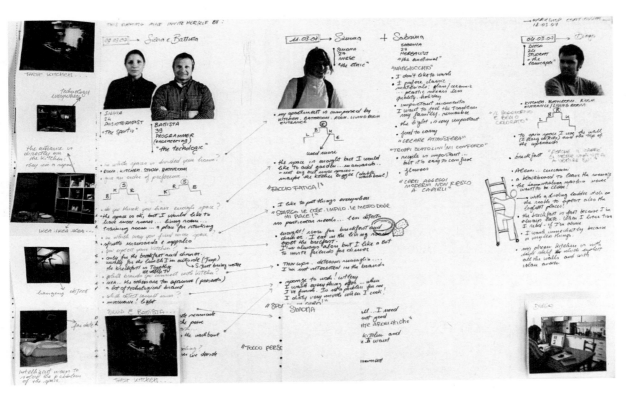

图 2-71 访谈笔记（图片来源：Alice、Caterina、Jun Ling、Xing Liu ）

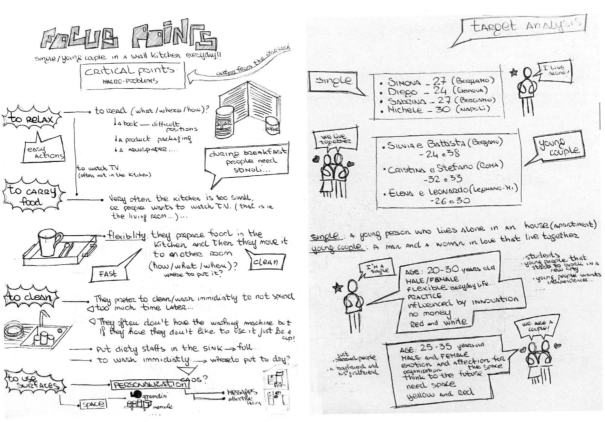

图 2-72 洞察清单（图片来源：Alice、Caterina、Jun Ling、Xing Liu ）

2.3.2 定义（Define）——理解与解读

（1）工作流程

定义（Define）——理解与解读，处于双钻模型第一颗钻石的收敛阶段（图2-73）。前期探索阶段通过大量的研究工作会得到一大片零散的研究成果，该阶段需要通过对这些信息、数据进行整理、分析、合成，形成可视化呈现，并在此基础上形成精准的关键洞见。这一过程包括以下几部分的工作：

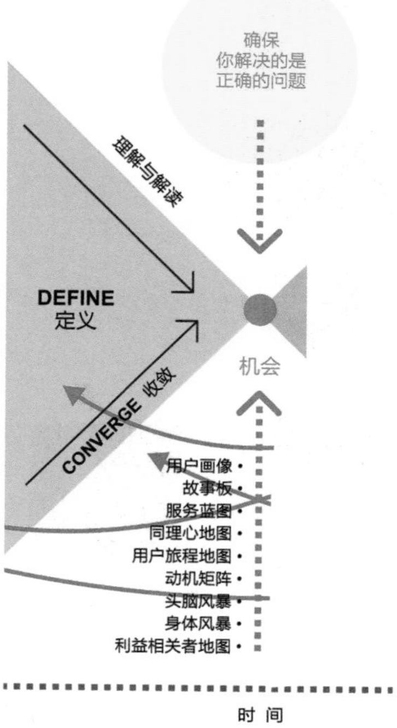

分析结果，数据可视化过程（深入、客观、清晰）

1）研究墙：将原始的零散信息、数据等进行汇总、整理，让团队轻松了解数据、研究方法的组合以及数据类型。

2）数据可视化：可视化数据可以帮助团队在面对大量信息时快速建立一个概述印象，加深对某个主题的理解以及对研究对象的移情。可视化内容主要包含：用户画像、用户旅程地图、利益相关者关系图、同理心图、用户故事、系统图等。

问题定义过程（明确、精准）

3）关键洞察：用于识别后续构思活动中的问题和机会，如果设计团队对如何解决发现的问题有了一些直接的想法，那么也可以直接尝试在原型化活动中对这些问题进行原型化。形成关键洞察可以采用如下步骤：思维导图（发散及定义问题）—形成关键洞察（关键词，情绪板）— 场景构建（服务描述）。关键洞察表现了消费者在特定主题上的动机、愿望和机会。图2-74 参考自《THE SERVICE DESIGN DOING》。

图 2-73　服务设计的探索阶段

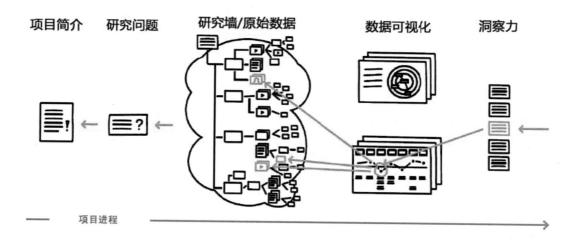

图 2-74　服务设计探索阶段的工作流程图

（2）工具和方法

在这一阶段会具体用到很多相关工具进行观察，这些工具来自于不同学科领域的贡献，用于前期研究的桌面调研、访谈、观察、共同创造等。下文我们将列举比较常用的一些工具和方法进行具体介绍。

1）同理心图（Empathy Map）

① 什么是同理心图

同理心图是人本设计的一个关键部分，是一种简单、易于理解的视觉图像，在项目的早期阶段，这个练习可以帮助团队进入用户的世界，作为角色和概念交付物之间的桥梁。同理心映射会话是团队"进入用户头脑"的一个很好的练习，从而可以更好地理解用户的欲望和需求。

② 何时使用此方法

同理心图用于设计过程的开始阶段，在用户研究之后、在需求和概念之前。创造一个有效的解决方案需要了解真正的问题和正在经历它的人。创建地图的练习可以帮助参与者从用户的角度考虑问题，以及他们的目标和挑战。

同理心图解释了用户行为、选择、决定之后的"动机"，从而设计师可以主动为他们的真实需求而设计，而这些动机是用户自己很难感知和表达的。它让其他人可以参与到用户体验的内在部分，这种所得很难从听或报告中读到。它为创新设计概念做了铺垫。既然利益相关者可以理解用户的实际情况，他们就可以很好地理解为何一个很好的设计变动可以对用户产生很大的影响。

③ 如何使用此方法

同理心图探索用户的外部、可观察的世界和内部心态：用户在做什么、看到什么、听到什么、思考什么、感觉什么（包括痛苦和收获）。

创建同理心图，需要收集任何定性研究数据、用户角色，同理心图有很多种格式，但它们都有共同的核心元素：一张大的纸（或白板草图）被分成几个部分，其中用户处在中间，用户的表示通常是一个很大的空头（图2-75）。美国顶尖视觉思维公司 Xplaner 的创始人、同理心图创造者戴夫·格雷（Dave Gray）最初将其称为"大脑袋练习"（Big Head Exercise）。

④ 主要流程

步骤1：确定用户角色，如果有多个用户，就要分别绘制同理心图。向团队介绍用户画像（如果参加者已经熟悉用户画像的话，就再介绍一次），以便深入了解用户角色。

步骤2：确定使用场景，强调极限情况，如果涉及多个场景，需分组或分次讨论。

步骤3：介绍活动内容，分发之前收集的数据和材料，在开始练习前给每位参与者时间思考。并准备一张大纸或白板，以及不同颜色的便签，创建4象限的同理心图。

步骤4：每个参与者使用便签写下与4象限中对应的内容，5~10分钟完成自己的同理心图。

步骤5：团队成员依次大声带入情感朗读自己每个象限的便签，Leader 主持，助手将便签贴到大白板的相应象限区域。然后对每个象限的内容逐个展开讨论，对便签进行分组归类。

步骤6：团队成员提取有关用户的痛点和收获，加入到同理心图中。

⑤ 思考题

什么是同理心图？什么阶段使用？结合旅游中的人物画像，绘制同理心图。

图 2-75 是设计团队为校园共享种植主题所做的同理心图。

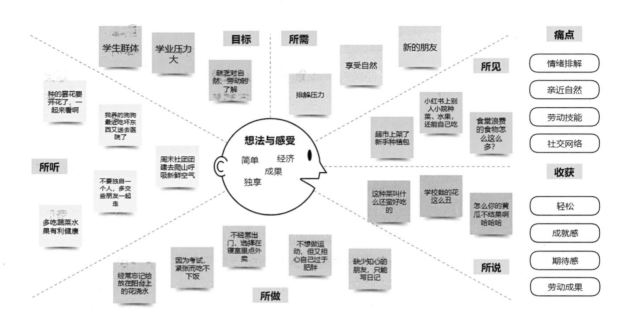

图 2-75　同理心图模板（设计者：龙志宇、柴静博、张文婧、李婷婷）

图 2-76 是设计团队在前期研究基础上为数字化社会创新视角下的校园餐饮服务与体验设计创建的同理心图。

图 2-76　同理心图示例（设计者：吴强、肖鑫、王淑瑶、张盼）

2）思维导图（Mind Map）

① 什么是思维导图

思维导图又称脑图、心智地图、脑力激荡图，由英国大脑潜能和学习方法研究专家托尼·博赞（Tony Buzan）受达·芬奇笔记启发于 20 世纪 60 年代发明。思维导图是一种视觉表达形式，用表达发散性思维的有效图形思维工具，展示围绕同一主题的发散思维与创意之间的相互联系（图 2-77、图 2-78）。

② 何时使用此方法

设计师可以通过思维导图将围绕某一个主题的所有相关因素和想法视觉化，从而将对该问题的分析变得清晰和结构化。它能直观并整体呈现一个设计问题，对定义该问题的主要因素与次要因素十分有用。思维导图也可以启发设计师找到设计问题的解决方案，并标注每个方案的优势和劣势。虽然思维导图可以用于设计流程中的各阶段，但设计师通常将其用于概念创意阶段。

一个简单的思维导图能启发设计师找到解决问题的头绪，并找到各头绪之间的联系。思维导图也可以用于设计流程中的问题分析、定义阶段，或帮助设计师在报告中整体展现自己的设计方案，其应用范围十分广泛。

③ 如何使用此方法

思维导图是锻炼设计师直觉力的绝佳手段。围绕一个中心问题，思维导图中的几个主要枝干可以是不同的解决方案。每个主干皆有若干分支，用于陈述方案的优势与劣势。绘制思维导图并不困难，可以通过训练掌握其绘制技能。思维导图的主要用途在于帮助设计师分析一个问题，因此在使用过程中要不受限制地将大脑中所能想到的所有内容都记录下来。在进行小组作业时，首先每个人独自完成自己的思维导图，然后再集中讨论、分析，这样更有效。

④ 主要流程

步骤 1：将主题名称或描述写在空白纸张的中央，并将其圈起来。

步骤 2：对该主题的每个方面进行头脑风暴，绘制从中心向外发散的线条并将自己的想法置于不同的线条上。这个导图看起来仿佛一条条驱离城市中心的道路。

步骤 3：根据需要在主线上增加分支。

步骤 4：使用一些额外的视觉技巧，例如，用不同的颜色标记几条思维主干，用圆形标记关键词语或者出现频率过高的想法，用线条链接相似的想法。

步骤 5：研究思维导图，从中找出各个想法之间的关系，并提出解决方案。在此基础上，根据需要重新组织并绘制一个新的结构清晰的思维导图。

⑤ 提示

使用图形、色彩、照片等各种手段将思维导图制作得更具可识别性。

在设计过程中可以在已绘制的思维导图上不停地添加元素和想法。

注意区分不同类型的元素，并为不同元素之间预留空白，方便后期添加。

使用简单的语言进行描述，切勿冗长繁琐地表述。

思维导图Mindmap

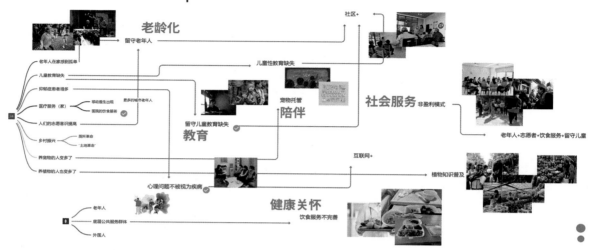

图 2-77　思维导图示例 1（设计者：吴开睿、孙超杰、叶润、刘沐怡）

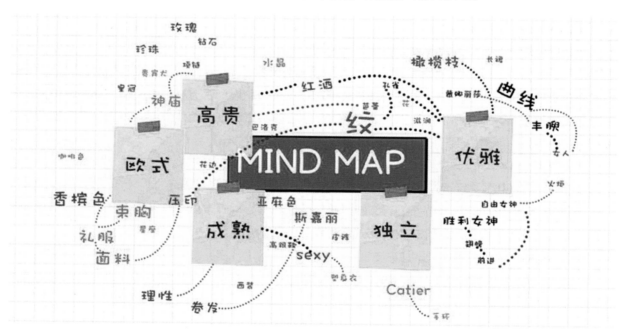

图 2-78　思维导图示例 2（设计者：吴乙嘉等）

3）拼贴画（Collage）和情绪板（Moodboard）

① 什么是拼贴画和情绪板

拼贴画是一种展示服务或产品使用情境、用户群或服务路径类的碎片化视觉表现方法。拼贴图像不仅能够支持和利益相关者的交流沟通，展望服务，它也能够帮助设计师对服务概念的主要特征有直观认识，启发每个想法的闪光点并在他们之间进行对比。

情绪板是由能代表用户情绪的文本、元素、图片拼贴而成的，它是设计领域中应用范围比较广泛的一种方法，并且它可以帮助我们很好地定义设计的方向，是一种典型的拼贴画（图 2-79）。

② 何时使用此方法

拼贴画通常用于设计流程的初始阶段，用于分析当前用户的使用情境。在寻找图片的过程中，设计师的视觉情绪逐渐被潜在地调动出来。在制作拼贴画的过程和讨论拼贴画是否符合设计环境的过程中，设计师能得到设计灵感。

③ 如何使用此方法

首先确定制作拼贴画的目的。其次，确定将如何使用拼贴画：它是否有助于完善设计项目的设计标注？它是否可用于交流设计愿景？最后分析拼贴画，确定最终解决方案需要达到的设计标准，并以此作为生成创意的指导工具。拼贴画可以帮助设计师完善以下几方面的设计标准：目标用户群的生活方式、服务的体验呈现方式和服务的使用及交互方式等。它也能完善新设计服务类相关的标准，以及使新服务在使用环境中实现应有功能的标准等。创作拼贴画是感性创作与理性分析相结合的过程。完成拼贴画可以用于确定一些产品和服务的特征。

④ 主要流程

步骤 1：明确原生关键词。原生关键词来自机构的战略定位、服务的功能特色、用户的服务特征，通过机构内部讨论和用户访谈明确原生关键词。

步骤 2：挖掘衍生关键词。衍生关键词是原生关键词的发散和提炼，主要通过头脑风暴或用户访谈得出。以此为基础，尽可能多地收集原始视觉素材。

步骤 3：根据所关注的目标人群、使用环境、使用方式、用户行为、产品类别、颜色、图形、材料等因素将视觉素材进行分类并提取制作拼贴版。例如：品质、简洁、友好。

步骤 4：为更全面地理解用户的实际想法，设计师或用户研究员需通过用户访谈，将衍生关键词分为视觉、心境、物化映射等关系收集整理，得到用户理解的"抽象关键词"所对应的"具象定义"。

视觉映射

视觉映射可以理解为联想到的视觉表现，比如：品质——金色、黑色、几何形；简洁——白色、明亮、硬的；友好——邻近色、圆角、圆形等。

心境映射

心境映射可以理解为联想到的心境感受，比如：品质——高端、贵重、稀有；简洁——空旷、干净、整齐；友好——温暖、亲切、舒服等。

物化映射

物化映射可以理解为联想到的具体事物，比如：品质——iPhone、宝马、香奈儿；简洁——白墙、玻璃、盘子；友好——枕头、毛绒玩具、海豚等。

步骤 5：在生成拼贴板后，结合衍生关键词的分析结果，进行视觉风格的提取，主要包括：图形、色彩、字体、构成、质感等（图 2-80）。

⑤ 提示

如果图片无法达到你的预期，则需要分辨到底缺了哪些重要元素，例如图片的意向（目标用户、功能等）、素材的数量、背景定位、图片关系、构图结构、前景与背景的关系、材料的使用、材料的整合与区分、颜色和形态的种类等。

根据需要灵活放大或缩小某些图片中的细节。

图 2-79　情绪板示例 1（设计者：沈也、王相洁、施齐、朱虹珍 / 指导：刘星）

图 2-80 情绪板示例 2（设计者：Celina、Marke、Barbara、Rui Liu、Arianna 等）

4）场景构建（Scenario buliding）

① 什么是场景构建

场景构建，也称情境设置。场景构建本质是虚拟的故事，拥有完善详细的细节，足够用来探索特定环境下的服务内容。根据不同的设计目的，故事的内容可以是现有服务与用户之间的交互方式，也可以是未来场景中不同的交互可能（图 2-81）。

② 何时使用此方法

与故事板相似，场景构建法可以在设计流程的早期用于制定用户与服务的交互方式的标准，也可以在之后的流程中惯用于催生新的创意。设计师也可以运用场景描述的内容反思已开发的服务概念；向其他相关利益者展示并交流创意想法和设定概念；评估概念并验证其特定情境下新服务可能存在的"负面"问题。另外，设计师还能使用该方法构思未来的使用场景，从而描绘出想象中未来的使用环境与新的交互方式。通过对未来使用情境的故事描述，设计师可以将其设计和目标用户带入一个更生动具体的环境中。

③ 如何使用此方法

首先，需要根据场景构建的不同目的寻找不同的描述对象。在开始之前，需要对目标用户及其在特定的使用情境中的交互行为有基本的了解。场景构建的内容从情境调研（Contextual inquiry）中获取，然后应用简单的语言表述发生的交互行为。可以在设计情节中同时运用人物角色（Persona）这项工具，准确定位环境成为能验证特定角色的情境。同时可以咨询其他利益相关者，检查该场景描述是否能准确反映真实的生活场景或他们所认可的现象中的未来生活。在设计过程中，使用场景构建可以确保所有参与项目的人员理解并支持所定义的设计范畴，并明确设计必须要实现的交互方式。

④ 主要流程

步骤 1：确定场景构建的目的，明确场景构建的范畴。

步骤 2：选定特定人物角色，以及他们需要达成的主要目标。每个人物在场景构建中都扮演一个特定角色，如果选择多个人物角色，则需要为每个人物角色设定单独的愿景描述。

步骤 3：场景描述的内容方便利益相关者理解和沟通，可以采用平铺直叙或者戏剧化的描述方式。

步骤 4：为每篇场景描述拟定一个可启发性的宣传标题。比如耐克的 just do it!，也可以向电影的宣传标语学习。

步骤 5：场景描述中的文字，以描述性文字为主，尽量少用抽象性词，比如恪尽职守、气势恢宏、兢兢业业等，这些词语不同人对其解读的程度有所不同。另外，巧妙利用角色之间的对话，使场景描述内容更加栩栩如生。

步骤 6：为场景描述设定一个起始点：该场景的起因或事件。开始写作。

⑤ 提示

书籍、漫画、影视与广告都是讲故事的手段，其表达技巧是创作场景描述的记号的参考资源。

创作场景描述的过程如同设计一款产品。这是一个重复迭代的过程，因此，在此过程中需要不断修改，时刻分析并整合相关信息，充分运用你无限的创造力。

在场景描述中添加一些场景变化有时能起到锦上添花的作用，但切勿试图在故事中包含所有信息，否则，想表达的最重要的信息可能会含糊不清。

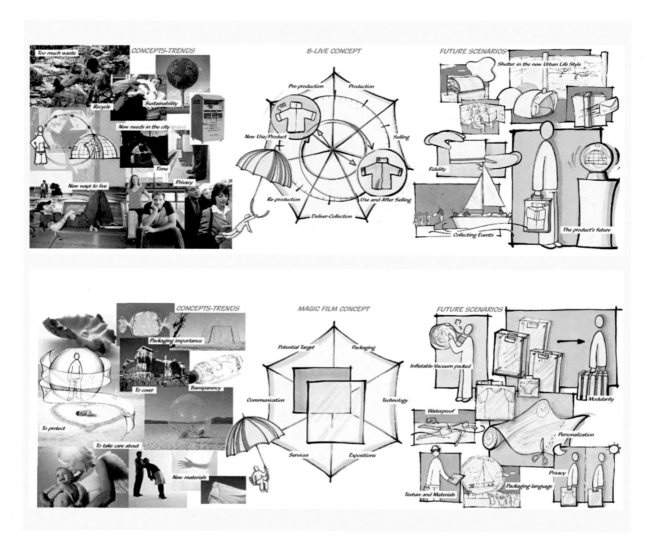

图 2-81　场景构建示例（设计者：Alice、Caterina、Jun Ling、Xing Liu）

（3）案例

1）设计课题：小空间·大创意

本案针对探索阶段对用户需求、生活方式和行为、环境等展开的大量研究基础，通过对获取信息的理解和解读，以都市年轻人日常生活中"食"这一活动为切入点形成关键洞察，进行设计定义。

定义阶段工作任务包含：前期研究数据可视化、问题识别、思维导图、形成关键洞察、情绪板、场景构建等。

需要提示的是，思维导图需要经过"开放"和"收敛"两个阶段才算完成，有些学生往往前一阶段不够天马行空，后一阶段又感觉对厘清思路无从下手。本案中课题小组围绕有关"食"的主题充分展开脑力激荡，然后通过不同颜色、不同大小的圆圈将关键词、关键想法进行标记，并将复杂的关联因素用连线加以整理，链接相似的想法，通过一放一收最后形成 4 个主要的概念发展方向（图 2-82）。

图 2-83 是针对四个概念方向完成的场景构建。

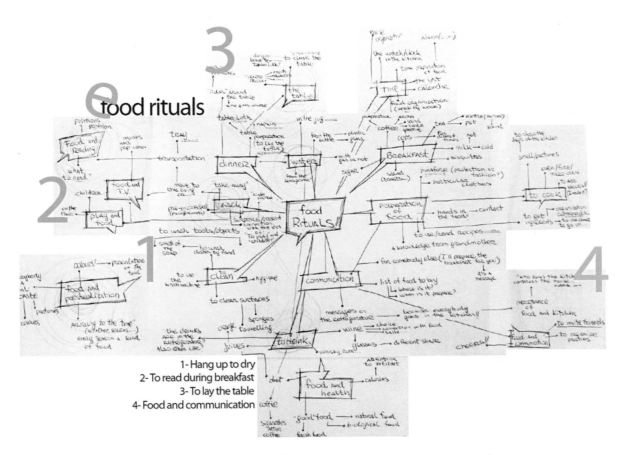

图 2-82　思维导图示例（设计者：Alice、Caterina、Jun Ling、Xing Liu）

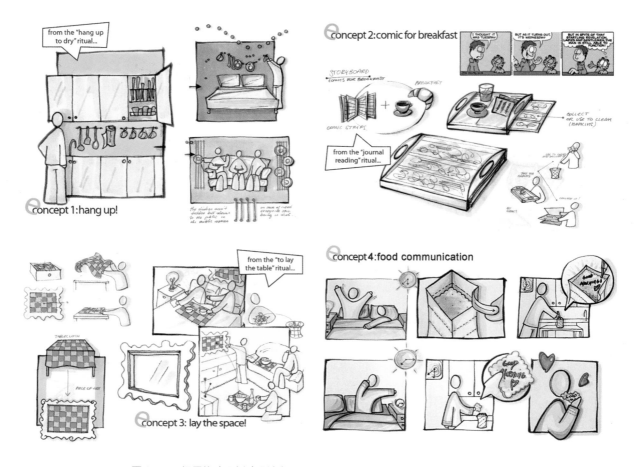

图2-83　场景构建示例（设计者：Alice、Caterina、Jun Ling、Xing Liu）

2）设计课题：

校园 SOS 急救报警系统服务设计

设计背景：结合近年校园安全隐患逐年增多，而目前校园急救报警设施多呈现服务功能单一，分布混乱，使用效度低等问题，本案通过固定急救柱和移动 App 功能结合，为校园急救提供一个社群化急救服务系统，该系统包含线上可视化急救知识和一键呼救功能、线下急救柱，从线上线下协同保障师生的安全。

定义阶段的工作任务主要包含以下内容：利益相关者关系图（图2-84）、研究墙（图2-85）、用户画像（图2-86）、服务系统图（图2-87）、服务蓝图（图2-88）等。

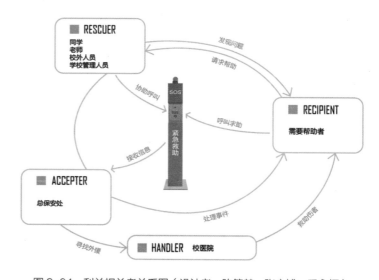

图2-84　利益相关者关系图（设计者：陈笑楚、张宇博、乔永恒）

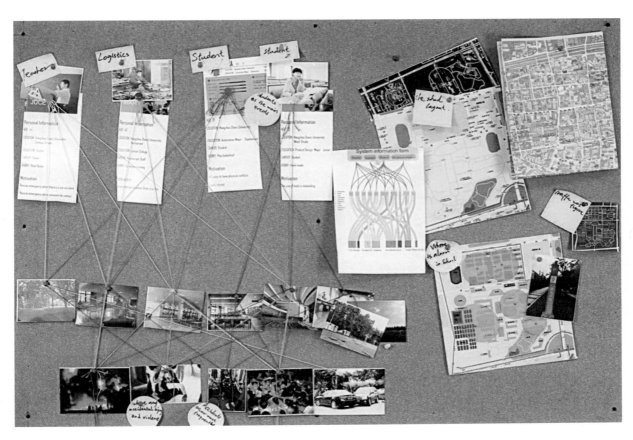

图 2-85　研究墙（设计者：陈笑楚、张宇博、乔永恒）

BILL AGE：21

LOCATION： Hangzhou Dianzi University　　CAREER： Student

EDUCATION： Automation Major　Sophomore　　HOBBY： Play basketball

Personality Traits 性格

EASYGOING

SELF-ESTEEM

EMULATIVE

POSITIVE

Behavior 行为

每天都坚持体育锻炼，热爱打篮球，经常参加比赛，不免崴脚擦伤，有时也难免与他人发生口角。

平时会去实验室和工房做产品和测试。

有抽烟的习惯，偶尔会在寝室抽烟。

Daily Life 日常生活

寝室　→　食堂　→　教室（实验室）　→　食堂

寝室　→　图书馆　→　食堂　→　篮球

Opportunity 机会点

接触的运动经常容易受伤，需要及时救助；也容易产生纠纷。

在实验室和工房容易被工具误伤。

在寝室抽烟可能会引起火灾。

图 2-86　用户画像（设计者：陈笑楚、张宇博、乔永恒）

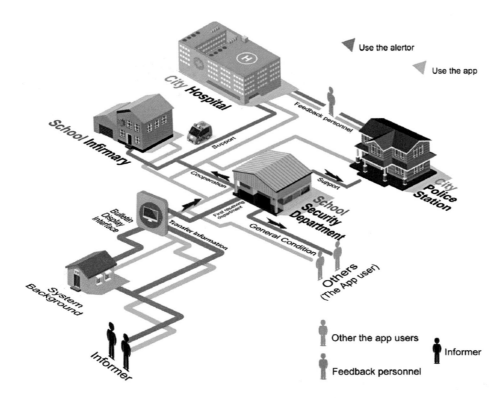

图 2-87 服务系统图（设计者：陈笑楚、张宇博、乔永恒）

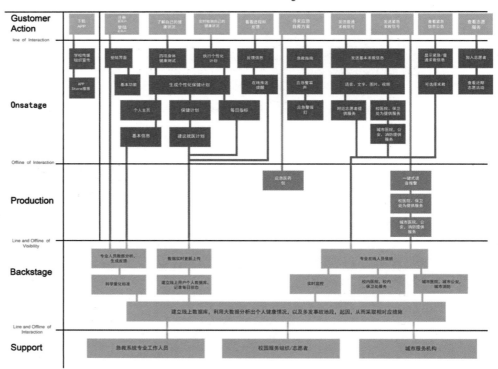

图 2-88 服务蓝图（设计者：陈笑楚、张宇博、乔永恒）

2.3.3 发展（Develop）——想象与测试

（1）工作流程

发展（Develop）——想象与测试，处于双钻模型第二颗钻石的发散阶段（图2-89）。产生大量的想法，充分分享想法，聚焦形成共识并具可行性的想法是该阶段的主要任务。这一阶段主要包括两部分的工作内容：

1）想象：这是个有趣的发散阶段，需要从限制中解放出来打开脑洞。想象期间不要评判，应用"可以，并且……"，而不是"不行……"或者"可以，但是……"的心态，让任何可能发生，立足相互之间的想法。创意想象的工具和方法主要有：头脑风暴、盛放莲花法、故事板、人体风暴、协同设计等。

2）测试评估：测试提案、评估想法并选择最喜欢的。主要工具包含：任务分析、原型设计、桌面模型、投票（减少选择）、可行性矩阵（一个创意的可行性与潜在影响的关系）等。

在服务设计中，创意想法的灵感在整个设计过程中是不断出现的，出现的也不止一个，这些想法和灵感不能过早扼杀，因为他们是从不同的环境或文脉中形成的，所以在最初有了想法和灵感要将它们收集起来，但是创造大量的想法灵感并不是服务设计的主要目标。在服务设计中，创造灵感的最好方法是参与者协同创造，能在短时间内创造尽可能多的想法，而这些存在瑕疵的想法更容易让人接受，并发展下去。而从想法开始设计容易让人对开始的想法灵感不满，当然在服务设计中学会放弃不合理的想法也是需要具备的一项能力。

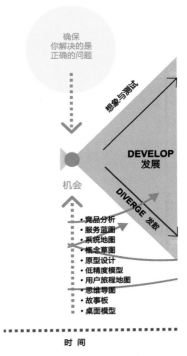

图2-89 服务设计的发展阶段

（2）工具与方法

1）任务分析（Task Analysis）

① 什么是任务分析网络

任务分析是角色分析的一个补充，是对用户的目标进行分析，优化用户体验的方法。人物分析方法能够帮助设计师找出更多用户为实现目标而所必须完成的明确任务，以及为了完成目标，用户必须经历的步骤，并获取用户在完成任务过程中的技术环境、社会和文化体验等信息。

② 何时使用此方法

任务分析可以帮助设计师了解新服务必须支持的任务，确定服务的应用领域和服务内容或者优化原有的服务系统，从而更好地帮助用户完成任务，同时明确用户目标、任务以及操作步骤。另外任务分析是一种有趣的、视作任务标准需求的方法，可以通过在同一页面独特图表方式的描述上，看到服务项目的宏观面以及未来将要发布的任务专题。此方法一般在创意阶段使用。

③ 如何使用此方法

每一栏以一个情境开始，之后是任务的描述以及跟随着的完成这个任务的次层级任务。层级任务必须用颜色标记，划分优先等级。在每一个任务描述中，影响者和痛点需要被强调。

④ 主要流程

步骤 1：确定用户所要完成的主要任务是什么？譬如餐厅就餐等位、看牙医等。

步骤 2：绘制完成目标任务的具体流程图。

步骤 3：按具体流程划分次要任务。

步骤 4：分析流程任务中不符合使用者需求的，并进行顺序调整或者创新。

⑤ 提示

1. 完成一项任务流程有多种方式，需要围绕目标情境寻找适合的流程方案。

2. 任务流程方案需符合特定使用场景下的用户需求逻辑，进行任务流程优化或创新。

⑥ 案例：就餐等位（图 2-90）

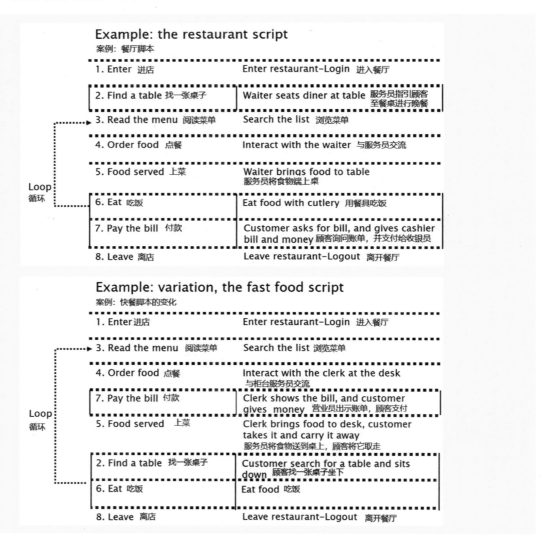

图 2-90　就餐等位的任务分析（设计者：[美]Roger C. Schank，Robert P. Abelson）

2）触点矩阵（Touchpoints Matrix）

① 什么是触点矩阵

触点矩阵源于米兰理工大学教授吉安卢卡·布鲁诺利（Gianluca Brugnoli）与青蛙设计工作室的联合构想。触点矩阵基于用户角色的使用，并融合了用户路径图和系统图的某些特征。触点矩阵是以活动为中心的方法，重点不再是特定任务的优化，而是关注用户角色在特定情况下实现目标的多个动作的集合。不同的用户角色在相同的环境下，需要不同的操作流程。

② 何时使用此方法

系统中的交互既是技术也是社交基础设施，由用户体验的结合来组织多个交叉的界面、服务、应用程序和环境等构成复杂的交互，这对设计师来说是一个新的挑战。触点矩阵能帮助设计师在服务系统设计中找到交互触点的创意机会，另外，触点矩阵所提供的视觉框架使设计师能够系统连接用户体验的各个触点，以便观察在特定产品服务体系中不同的结构、界面、内容和交互结果，此方法一般在创意阶段使用。

③ 如何使用此方法

在服务系统的用户交互中，由多个触点移动连接，在后台不断交换数据和信息。触点矩阵通过描绘各项场景中每个角色的连接矩阵，观察分析创意机会，形成不同的体验。

④ 主要流程

步骤1：确定其结构，绘制边界，识别组件以及它们的连接，以使体验成为可能的方式。

步骤2：通过确定他们的入口点，接触点之间所建立的联系和目标来了解用户在系统中的旅程。

步骤3：基于据点，绘制矩阵结构图，矩阵的纵轴可以列举系统中部分不同的设备和内容触点，横轴则可以列举系统本身支持的主要用户行为（图2-91上）。

步骤4：基于矩阵结构图，设计师将特定角色放入其中，通过不同的触点想象他的路径，并将相关的点联系起来（图2-91中）。在此基础上再加上使用场景（图2-91下）。

⑤ 提示

1. 使用系统视图研究项目时，关键的设计挑战是系统的体系结构和部件的配置。系统的体系结构比部件配置更重要。

2. 系统中，交互流流经许多设备和不同的用户场景。设备使用并不总是预定义的，而是遵循其在系统内的角色，角色根据不同的用户环境和情况以及系统中主要和次要任务，以一种偶然性和机会性的方式在用户交互过程中不断切换。

3. 用户始终位于中心位置，用户是主角，他们可以自由而积极地连接触点，选择和组合系统的不同部分。用户的做法，有时会在不同部分之间创建新的或意外的连接，甚至超出设计者的意图。它可能是一个设计和创新机会，也是设计师和公司最有趣的挑战之一。

⑥ 案例

1. 数字摄影

本案以数字化摄影生态系统为例来展示如何分析和可视化该系统（图2-92）。理解生态系统的一个关键步骤是绘制和识别其各个组成部分，数字摄影生态系统将传统的图像捕捉设备、新的在线发布和共享的数字应用程序以及服务结合在一起。生态系统的各部分相互链接、交流和交换内容，往往超

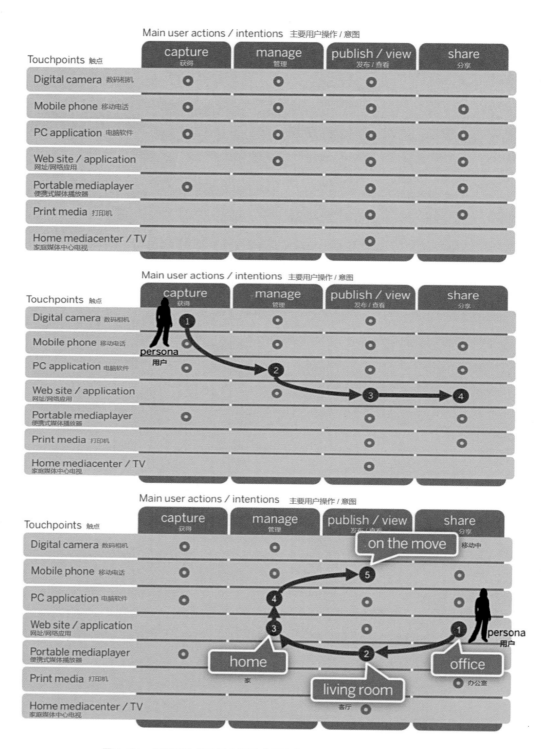

图 2-91　摄影用户体验触点矩阵（图片来源：[意]Gianluca Brugnoli）

越品牌、公司和企业之间的障碍，苹果 iPhoto 就包括了在 Flickr、Facebook 上传和数据交换功能。

在系统图上，可以将各个部分分配给不同的用户体验阶段：图像采集和制作、照片管理和编辑、不同媒体上的数字和物理出版以及数字共享。一旦定义了系统及其组件，就可以大致描绘用户将可用部件组合在一起以实现其目标的场景。

在以下示例中，上方的图是最基础的触点板，列出在服务中会涉及的所有触点，这个可以作为整个思考的起点。下方左图是在触点板的基础上加上用户体验的不同阶段，进行分类。下方右图显示在不同使用情形（a）和（b）中，相同的用户触点以不同的结构组合，从而塑造用户体验。

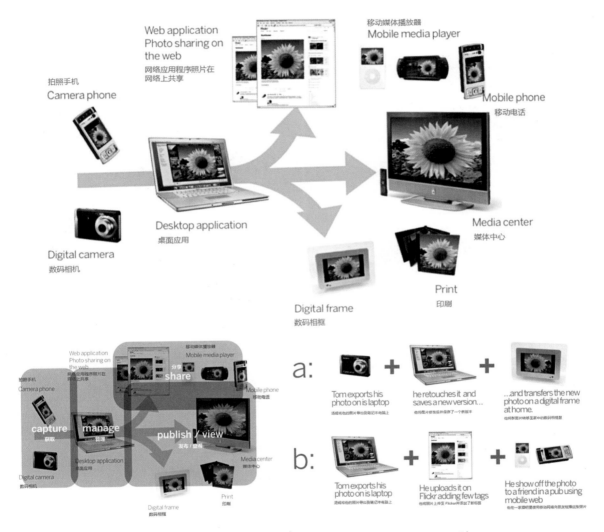

图 2-92　数字化摄影生态系统（图片来源：[意] Gianluca Brugnoli）

2. 摄影用户体验触点矩阵

本案以比上一个案例更具分析性的方式来表示摄影用户体验（图 2-91）。摄影客户旅程的主要阶段决定了横向维度：捕捉、管理、发布和分享，每个阶段都与用户的意图和关键活动相对应，垂直维度则列出了该系统的一些关键接触点。

接触点是用户在体验过程中接触到的系统的任何物理或数字元素，它可以是硬件设备、软件应用程序、Web 服务，甚至是物理空间或工具。交叉点代表潜在的用户操作，在体验每一步活动时的接触点，因此，相同的接触点可以扮演不同的角色，也可以被不同的利用。这个矩阵可以看作是这个系统中许多可能的用户交互的体系结构。连接矩阵的点，就可以在不同的场景中为每个角色概述不同的用户体验配置，形成的序列基于不同的入口点、用户目标以及数据和动作流。

这种模拟可以用于分析和评估现有系统，支持概念设计阶段。它可以突出设计机会并验证用户需求，映射边界、接触点和系统中已包含的组件，此矩阵有助于揭示通过用户交互开发的现有部件之间的连接。此外，它还可用于项目中，概述未来将包含的新组件和零件（例如新产品或新应用程序）的潜在连接和需求。

⑦ 思考题

触点矩阵有什么特点？设计师可以通过该工具完成服务设计中的哪部分的创意？

3）问题卡片（Issue Card）

① 什么是问题卡片

问题卡片是设计团队内部用来引导和提供动态交互内容的像销钉一样的实体工具。每个卡片可以包含一段感悟、一张图片、一幅画或者一段描述，任何能够为问题提出新的解释或者能够将假设导向不同观点的内容都可以，最终结果就是这些参考内容所定义的新转折和机遇。卡片的内容需多样且简洁，以保证此工具的成效（图2-93）。

② 何时使用此方法

问题卡片可以在用户旅程图、利益相关者关系图、服务系统图以及服务蓝图绘制完成后使用，以帮助设计师或者协同工作坊中

图2-93 问题卡片（图片来源：https://www.hkdesigncentre.org）

有针对性地进行服务设计概念的发散。通过协同工作坊中的利益相关者和用户的参与，从不同角度提出感悟或问题，只有感悟或问题被提出，设计师才能意识到问题，进行问题界定，问题才能有可能被改变。问题卡片也可以作为小工具之一使用在协同工作坊中，让没有经过调研阶段的参与者能够快速地理解问题，并在此基础上提出设计概念。

③ 如何使用此方法

问题卡片主要用途是帮助设计师寻找服务系统中的问题，因此在使用过程中不要受限于表达方式，可以是一段感悟、一幅画、一段描述。把大脑所能想到的所有内容都记录下来。鼓励参与者对他人提出的想法进行补充和改进。

④ 主要流程

步骤1：在问题卡片上写出问题，比如被用户给予低评分的项目。

步骤2：将收集到的原始研究数据进行聚类分析，总结归纳出现有服务环节的体验问题。

步骤3：将归类的问题依照重要程度排列出来，按优先顺序整理好需改善的项目。

步骤4：在步骤3的基础上，征询相关利益相关者，加入长期和短期的可改善的变数的分类。

步骤5：依据重要性与时间性，绘制一张优先处理矩阵（Priority Grid）。表格左上角放置重要性高又能快速解决的项目，右下角出现的是重要性低又难解决，可以暂时忽略的项目。

⑤ 提示

1．不要在问题卡片制作过程中否定任何问题或想法。

2．使用简洁的语言描述，切勿繁冗表述。

3．如果产生的问题难以产生创意，则需要反思该问题的表述是否准确，然后调整问题的表述直至能产生创意想法。

⑥ 案例

1．机场安检服务设计，卡耐基·梅隆大学（图2-94）

本项目初衷是构思一项服务使 TSA（美国交通运输管理局）的安检通道更加顺畅。确定了项目主要设计标准后（与乘客交流，感受被控制，跟家人说再见），设计团队针对每一条标准提出一些概念性的想法。这些想法被记录在卡片上用来与 TSA 分享，而 TSA 能通过互相分享来开始关于体验的有意义的对话。每张卡片包含草图和描述组成的概念，并且用色彩标记出相关的设计标准。

图 2-94　机场安检服务设计
（图片来源：[美]Jamin Hegeman，Kipum Lee，Kata Tennant/ 卡耐基·梅隆大学）

2．SILK 方法板（图 2-95）

肯特郡议会决定在当地建一所名为 SILK 的社会创新实验室。为支持此项目，Engine 尝试并测试了一种强大的创新技术，强调以关注人的需求作为创新出发点的重要性，并且展示项目每个阶段参与市民的价值。卡片是 SILK 工具包的一部分，用来激发和支持委员会员工的创新实践。

3．波维萨合作居住项目，米兰理工大学（图2-96）

在住房建设过程中，未来的"合作居住者"们就参与到确定他们未来居住环境的某些细节的设计中。团队采用问题卡片让他们选择在住宅中想要进行的活动，确定他们的重要程度，最后确定合作居住者的空间偏好。

这些卡片将想法和概念转移到可以明确指出、携带并且带到桌面上的实体物件，促进了虚拟概念和讨论的可视化。每张卡片由部分手绘和部分照片组成，为的是给出一个确切的线索而不是已经定义好的视觉参照；每张卡片还附有一小段简单文字描述活动的内容。

图 2-95　SILK 方法板（图片来源：Engine 设计团队）

图 2-96　波维萨合作居住项目
（图片来源：米兰理工大学设计团队）

4）协同设计工作坊（Co-design Workshop）

① 什么是协同设计工作坊

协同设计工作坊是指设计师作为组织者和赋能者，通过工作坊的形式使利益相关者参与到服务设计过程中，带入他们各自的经验和创意，一起进行服务概念的发散，共同产出设计概念。这意味着设计师在工作坊中不再是单纯的创造者，而是承担组织者、赋能者的职责。在服务设计过程中进行的协同设计，会对以用户为中心的设计转向共同设计产生积极长远的影响，也会对参与者的角色产生影响（图2-97）。

② 何时使用此方法

协同设计工作坊通常在设计定义和创新阶段使用。

③ 如何使用此方法

协同工作坊中常常需要准备一些工具来吸引、促使参与者进行创意表达，例如用户画像、场景、问题卡片、触点卡片、用户旅程图、海报等。在服务设计定义和创新阶段，协同参与设计活动，是为了洞察需求，获得关键洞察力，为产生/评估/发展想法获得信息和建议，吸引和激活利益相关者参与活动。

在进行协同设计工作坊时，需要做如下的思考和准备工作：1）定义你的具体目标；2）列出你需要共同设计的问题；3）确定你是否真的需要了解它？4）想想它对你有什么帮助，为什么？5）思考人们是否会理解？6）列出工具清单；7）绘制工具草图；8）定义交互指导原则；9）设定关键绩效指标；10）为意想不到的事情敞开心扉！

④ 主要流程

步骤1：定义服务理念。

步骤2：准备协同设计工具。

步骤3：开展联合设计活动。

步骤4：任务最终通过共同设计、共同创造输出一个结果。

步骤5：根据共同设计的结果进行测试和改进。

图2-97 协同设计工作坊（图片来源：新加坡国立大学服务设计实验室）

⑤ 案例

1. HourSchool

设计者：克里斯蒂娜·德兰（Christina Tran）和乔恩·科尔科（Jon Lolko）、Green Doors

HourSchool 是克里斯蒂娜·德兰和团队与 Green Doors 协同设计的一个教育项目，该项目致力于提高社区居民的参与度和领导力。

在研究中发现，建立一个网络服务平台对于促进社区教育非常重要。但居民（即用户）习惯社区的沟通渠道主要是线下交流，新项目需要社区居民的认同感、归属感和参与感，同时也需要政府员工、社区管理者的参与和服务。因此采用协同设计，设计师、居民和政府员工、社区管理者共同参与设计。

协同设计之初，设计团队设计了一个测试原型，通过几次探讨、重复和调试之后，居民们的反馈能够很快将项目调整到正确的方向。比如，在项目开始之前，推出了一个活动，请居民们谈谈他们对"课堂"的感受，从而发现他们存在着"课堂是枯燥的"这样的偏见，并及时帮助他们加以纠正。课堂作为一个交流平台，应该能够促进交流，有个性，有趣。设计师们与居民一起定义学习活动"课堂""演示"和"交流"，并将这些活动编制到社区计划里。由于居民参与设计新项目的名称和架构，所以居民也开始在项目里有归属感，而不是被动接受其他人的想法。在早期，为了与社区保持联系和建立信任，设计师们进行了频繁的非正式接触，最有价值的研究数据和设计成果来自于社区代表会议。设计师们在社区会议中与社区管理者交流过程中听到的事（例如计算机机房的课时不一致）使设计师们洞见超越调研阶段并逐渐形成服务的规划蓝图。

通过协同设计，设计师们发现了提高项目所有部门配合度的有效方法。在构建服务蓝图中的重要服务触点、服务环境和后台行为时，社区管理员的重要性立刻凸显出来。她不仅要为整个项目提供后勤保障，还需要能够通过模板、要求和会议的形式教居民如何使用这项服务。

随着时间的推进，社区生活的稳定性使社区会议本身成为教育项目的一个重要触点。发布新的课程，意见征集，招募志愿者，这些都提上议事日程。最后，参与每月社区会议的最大收获便是亲眼见证教育项目一步步牢固树立起来。居民在课堂上分享自己有趣的真实故事，社区会议成为居民互相激励和启发并互相支持完成共同目标的地方。

2. 意大利米兰理工大学服务设计以埃佐·曼奇尼（Ezio Manzini）教授为主导一贯致力于协作服务（Collaborative Services）的研究和创新探索，以新的协作型的生产和分配方式创造新的赋能生态系统，从而创造新的社会价值。这一类型的服务设计案例包括：尽可能充分使用现有资源，包括能力（社会资源）和房屋（物理资源）的小型幼托机构；老年人和年轻人的共享住宅，老年人有人陪伴，年轻人可以找到便宜的住所等。城市农场服务设计项目也是其中一个典型的课题，图 2-98 展示了该项目的一系列协同设计活动。

⑥ 思考题

1. 什么是协同设计工作坊？它和利益相关者有什么关系？

2. 为什么要协同设计？协同设计工作坊的意义是什么？

图 2-98　城市农场服务协同设计工作坊

（图片来源：[意]Anna Meroni，Daria Cantù，Daniel Kaplan/ 意大利米兰理工大学）

5）桌面模型（Desktop Model）

① 什么是桌面模型

桌面模型是指把之前梳理好的人物关系，关键触点流程，采用模型模拟出来，展示给全组设计师，让大家对项目有更深刻的理解，以视觉化构建研究议题的系统并找出系统中可以改进的部分（图2-99）。

② 何时使用此方法

桌面模型在服务分析阶段、定义阶段和方案验证阶段都可以使用，在项目的不同时期使用有着不一样的意义。

③ 如何使用此方法

在分析问题阶段，设计师在一个桌面上，画上各个触点，并标明触点的基本情景，使用乐高模型或纸片来代表每一位关键人物（角色模型），通过模拟他们与服务之间的交互情景，阐述他们接受服务或者是提供服务的场景、遇到的问题。由于此时项目的每一位人员都参与进来，大家就能当场对场景进行讨论，进行头脑风暴。

在方案验证阶段，设计师把大家讨论出来的方案通过桌面模型模拟一次真实的服务场景和服务过程，以此来验证方案的可行性。

④ 主要流程

步骤1：在桌面上画上服务流程中所涉及的各个触点。

步骤2：标明触点的基本情景。

步骤3：使用乐高模型或纸片等代表每一位关键人物（角色模型）。

步骤4：通过模拟他们与服务之间的交互情景，阐述他们接受服务或者是提供服务的场景、遇到的问题等。

步骤5：讨论或验证服务流程的可行性。

图2-99 桌面模型案例
（图片来源：米兰理工大学 设计团队）

2.3.4 交付（Deliver）——构建与推进

（1）工作流程

交付（Deliver）——构建与推进，处于双钻模型第二颗钻石的收敛阶段（图2-100），这是一个原型构建、迭代推进直至交付的过程。相比其他原型，服务或产品体验的原型设计更具整体性，它不仅包含服务和物理或数字产品如何体验和使用的考量，也包括对关键（物理）产品、软件、体系架构或实际内容的传统原型的制作任务，其工作内容更为丰富和复杂。图2-101直观反映了服务设计项目在原型化活动中，其研究、构思和实现的迭代过程。

原型化探索、评估、展示是该阶段的主要任务。这一阶段主要包括三部分的工作内容：

1）原型化探索：创建原型只是一个起点，原型化是一系列原型化循环的迭代过程，挑战是在原型化单个（交互）动作、对象或应用程序的细节和更广泛的端到端体验之间找到平衡。

2）评估原型：在真实的场景中运用原型测试并观察用户对服务设计概念的感受，从而评估其可行性。

3）原型交流与展示：对服务生态系统和价值原型、服务流程和体验原型、数码产品及软件原型、物理对象及环境原型进行可视化表达、展示和交付。交付内容见图2-102。图2-101、图2-102选自《The Service Design Doing》。

图2-100 服务设计的交付阶段

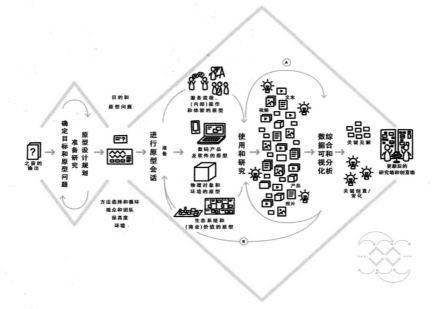

图2-101 服务原型的迭代过程

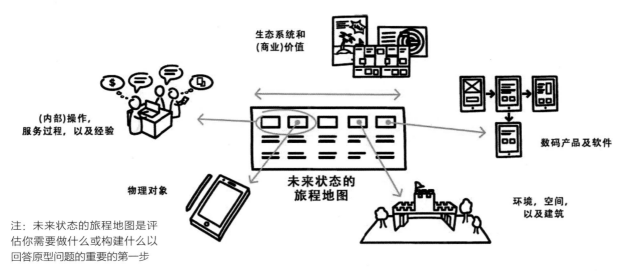

注：未来状态的旅程地图是评估你需要做什么或构建什么以回答原型问题的重要的第一步

图 2-102　服务原型的交付组件

（2）工具与方法

1）服务原型（Service Prototyping）

① 什么是服务原型

服务原型是指复制前、后台中任意的服务阶段性的体验和过程，对它们进行排练、演练、模拟、小规模试点等，以寻找实物和数字产品的体验、证据等问题，在实际开发之前测试不同语境中服务系统的价值和保真度。原型能够关注整体的端到端（end-to-end）的客户体验或在旅程中的一个步骤。它能放大特定的后台流程、问题以及技术。在组织和实施阶段使用运行，帮助设计师反思、了解原型效果。图 2-103 选自《The Service Design Doing》。

识别原型问题的有价值的视角

图 2-103　服务原型的价值系统

② 何时使用此方法

原型可用于探索、定义、构想和交付实施多个阶段。通过原型，设计团队可以快速的定义一个新概念中的重要方向，探索不同解决方案以及评估哪个更接近真实的日常生活。另外，原型可以作为一种交流工具在协同设计中起到呈现、说服和启发灵感等作用。随着设计的推进，它能帮助我们系统化地了解和向着执行和细化方向发展，比如触点、渠道和路径合理性；前台后台的配合性以及满意度；发现一些错误、分歧、解决问题的其他可能性以及用户体验的新机会。

原型允许设计师创造更快、更廉价的服务设计，最大限度地了解设计师所创新的服务系统，帮助设计师完全弄明白为什么以及如何实现现有的服务系统。原型的精确形式和形状还取决于设计师实际需要的原型：未来服务、实物和数位产品中的哪一部分是设计师需要制作或构建来获得原型问题的答案。

③ 如何使用此方法

服务原型需要创建一个初步的体验形式或体验过程。原型是检验想法的关键。就像 Linus Pauling 所说的："拥有一个好主意的方法是去想很多个主意。"原型使许多想法以雏形的方式共存，以便能淘汰坏点子并且让好主意更深入。

原型可以分为低保真和高保真原型，图 2-104 选自《The Service Design Doing》，显示了原型的不同保真度。低保真原型可以通过纸上/纸板原始设计、桌面演练探索用户旅程中的必要步骤，也可以通过纸质模型得到一个关于未来产品形态的想法，或一个早期阶段可视化的用户界面以草图的方式呈现在纸上。高保真模型可以包含情境演练模拟或小规模技术测试和可行性测试，通过 3D 打印或沉浸式数字 3D 模型对外观和感受进行细化的评估，或者是缩小和现实裂缝的实际代码（图 2-105）。

图 2-104 服务原型的保真度

图2-105　服务原型演示
（图片来源：钟逸璇（左上）/吴玉鑫等（中上）/周一苇（右上）/
[意] Anna Meroni、Ezio Manzini/ 意大利米兰理工大学（下））

④ 主要流程

情境演练模拟流程

步骤1：选取测试的服务流程。

步骤2：详细说明提出的设计假设：在特定的环境中，用户或利益相关者可以接受、理解并完成哪些任务，预期有哪些行为？

步骤3：拟定开放性的研究问题，例如，"用户和利益相关者如何使用该系统？"或"在行为操纵中，哪些线索帮助他们完成了任务？"

步骤4：为观察者准备研究指南和研究问题。

步骤5：招募典型性用户或利益相关者，并让其熟悉任务。

步骤6：记录检测过程，观察有意识或无意识的使用情况。

步骤7：对结果进行定性或定量分析。

步骤8：交流所有成果，并根据结果改进设计，在检测过程中往往会出现许多设计灵感。

⑤ 提示

1. 从低保真模型到高仿真模型，服务原型的还原程度没有限制，可以根据实际项目需求灵活选择。

2. 邀请未参与此次设计的典型用户或利益相关者参与体验和测试，熟悉项目的人容易受已知信息的左右影响评估结果。

3. 可以就设计方向及改进意见方面向实验对象提出少许定性问题，但只能在评估结束后，不要因为这些问题干扰评估结果。

4. 提前考虑被测试者的个人隐私问题。

⑥ 案例

1. 美国 MSK 癌症中心服务导视原型设计（图 2-106、图 2-107）

Memorial Sloan Kettering 癌症中心（MSKCC）是遍布纽约市的医疗保健设施的综合体，旨在提供世界一流的癌症治疗，其中一部分包括提供最佳的患者体验。但在过去 100 年中因不断扩大和收购使他们的建筑、景观、视觉形象及导视系统变得极其混乱而缺乏战略性，为患者、访客和员工带来了不好的体验。设计团队的任务就是了解主楼的运营需求，并提出一个更好的导视系统。该项目需要一个模拟的解决方案，与现有基础设施协同工作，并随着其不断变化和增长的环境需求发展，并且可扩展，以便在遍布整个城市的设施中进行复制。

在整个为期 15 周的过程中，团队本着以人为本的设计原则，通过对空间的广泛背景观察（设施、建筑和规划）以及与关键利益相关者（病患、访客、医务人员等）的访谈收集信息，获取见解并获得灵感。例如在空间中观察和再现；和利益相关者，诸如员工、患者和护理人员的访谈；一个构思研讨会；两个原型设计之旅，包括医院内原型设计、数字原型设计；反馈和迭代。

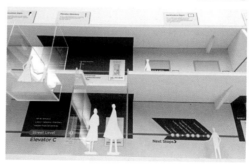

设计项目最后的交付物为一个设计策略以及具体的设计建议，以帮助 MSKCC 在其整个设施中实施服务导视设计计划。一个立体模型，以展示设计建议是如何在整个空间中成为一个整体服务系统。最终的解决方案通过将强大的图形元素与方向线索和易于识别的标牌相结合，提升服务导视系统的交互体验。

图 2-106　美国 MSKCC 的服务原型模拟
（设计者：[美]Jeremy Alexis、Anushree Jain、Natalie Scoles、Andrea Zuniga John Lee、J.M. Downey、Nabila Nowrin）

图 2-107　美国 MSKCC 的服务原型高保真、全尺寸模拟
（设计者：[美]Jeremy Alexis 、Anushree Jain 、Natalie Scoles、Andrea Zuniga John Lee 、J.M. Downey 、Nabila Nowrin）

2. 老年人医疗保健可穿戴设备原型设计（图 2-108）

医生在为老年患者制定医疗保健计划时，一些基础数据非常有用，但医生很难在有限的诊疗时间内全面了解患者的健康状况。本课题的目标是通过可穿戴设备对他们日常生命体征的记录为老年患者提供更有效的诊断。

该原型设计包括一个离散的可穿戴传感器，用于捕获心率、睡眠模式和活动水平等数据。该传感器为紧急情况下设置了包含一个紧急按钮的交互动作。穿戴设备能在问题发生时进行准确报告，而不是在数天或数周后向医生报告。

其数字日志系统在视觉上向用户显示关于食物摄入、药物使用、疼痛程度等信息。由于该标准可以是主观的，因此以简单的多选方式呈现。

THE COLLECTION OF HEALTHCARE ANALYTICS FOR LOVED ONES

Gordon Grado
Product Design Workshop
Fall 2014

I designed a health tracking system for my grandparents. My research began by exploring the world of wearables, and I found that they are worn by mostly young, healthy and athletically inclined users. I realized these were not the people who would be helped most by tracking their health.

The elderly people I interviewed and observed desire personal health data, but don't see it as a need.

Healthcare providers definitely want easily trackable statistics, like activity, heart rate and sleep patterns. This data is very useful when developing healthcare plans for elderly patients. Today, doctors rarely receive the full picture of a patients health within limited appointment discussion time. The goal of my wearable is to provide more effective diagnoses for elderly patients through a history of their daily vitals.

USER INSIGHT

Dorothy

Fritz

Current Information Exchange

Steakholder Insight

SOLUTION AND EXECUTION

The design consists of a discrete wearable sensor used to capture data such as heart rate, sleep pattern and activity level. This sensor has no interaction past the inclusion of one panic button in case of emergency. Since this piece of the system is physically small I wanted next to no user interaction to be included on the wearable piece.
The digital journal object visually requests information from users concerning food intake, medication usage, pain level and nausea. Since this criteria can be subjective, it is presented in a simple multiple choice fashion.

The digital journal actively tracks users food intake, medication usage, pain level and nausea.

The wearable sensor passively tracks users heart rate, sleep pattern and activity.

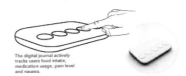

图 2-108　老年人医疗保健可穿戴设备解决方案
（设计者：[美]Gordon Grado）

2）服务供给图（Offering Map）

① 什么是服务供给图

服务供给图的目标是阐明服务向用户提供了什么，并将价值定位细化到更具体的功能集群中，以表达服务为用户提供的核心内容，为利益相关者提供的核心价值。该工具可以支持服务理念的制定及特定解决方案的开发，它可以是实现概念的工具，也可以是服务与最终用户的传递，表现形式丰富（图2-109）。

② 何时使用此方法

服务供给图可以在构思阶段使用，也可以在服务交付阶段使用。

③ 如何使用此方法

该工具没有标准模型，可以用文字、图像或简单的图形来描述产品。

④ 主要流程

步骤1：将服务项目中的所有服务供给罗列清单。

步骤2：根据清单对服务供给进行可视化表达，厘清互相之间的关系。

⑤ 提示

在交付过程中，服务供给图一般放在服务图像（海报）和故事板的中间。服务图像就像电影海报的感觉，形象地表达整体的服务概念和印象，服务供给图清晰描述服务提案的主要服务内容，故事板则讲述具体的交互故事。

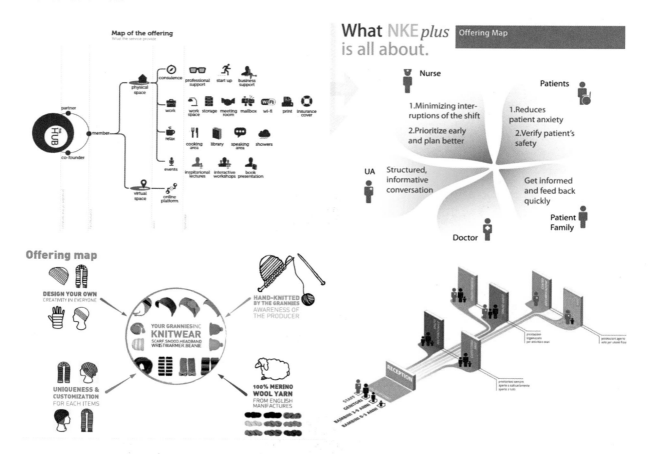

图2-109　服务供给图演示（设计者：[意] Anna Meroni、Ezio Manzini/ 意大利米兰理工大学）

3）故事板（Storyboard）

① 什么是故事板

故事板是源于电影摄影传统的工具，原意是安排电影拍摄程序的记事板，指在影片的实际拍摄或绘制之前，以图表、图示的方式说明影像的构成，将连续画面分解成以一次运镜为单位，并且标注运镜方式、时间长度、对白、特效等，让导演、摄影师、布景师和演员在镜头开拍之前，对镜头建立起统一的视觉概念。当一场戏的场景动作、拍摄、布景等因素比较复杂而难以解释时，故事板可以很轻松地让整个剧组建立起清晰的拍摄概念。服务故事板展现着每一个接触点的表征以及触点和用户在体验创造中的关系，它通过一系列图纸或图片进行展示，组成叙事序列，形式多样（图2-110）。意大利米兰理工大学服务设计专业还在故事板基础上发展了交互故事板，认为其是一种优于服务蓝图的表达形式（图2-111）。

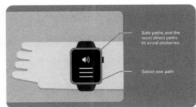

图 2-110 盲人出行服务故事板（设计者：周一苇）

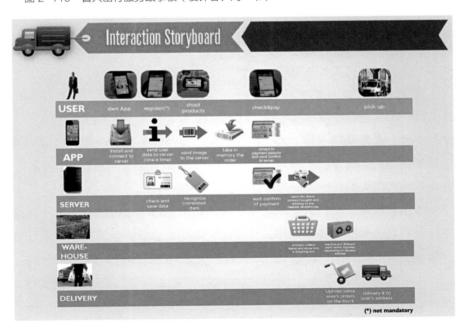

图 2-111 交互故事板
（设计者：[意] Anna Meroni、
Ezio Manzini/
意大利米兰理工大学）

② 何时使用此方法

故事板可以应用于理解和解读设计流程。设计师可以跟随故事板体验用户与产品或服务的交互过程，并从中得到启发。故事板绘制会随着设计流程的推进不断改进，在设计初始阶段，故事板仅是简单的草图，可能还包含一些设计师的评论和建议。随着设计流程的推进，故事板的内容逐渐丰富，会融入更多的细节信息，帮助设计师探索新的创新并做出决策，在设计流程末期，设计师依据完整的故事板反思服务设计形式、服务蕴含的价值，以及如何提升设计的品质。

③ 如何使用此方法

故事板所呈现的是极富感染力的视觉素材，因此，它能使读者对完整的故事情节一目了然：用户与产品的交互发生在何时？何地？用户与产品的交互过程中发生了什么行为？产品或服务是如何使用的？产品或服务的工作状态、用户的生活方式、用户使用产品或服务的动机和目的等信息皆可通过故事板清晰地呈现。设计师可以在故事板上添加文字辅助说明，这些辅助信息在讨论中也能发挥重要作用。如果要运用故事板进行思维的发散，以生成新的设计概念，那么可先依据最原始的概念绘制一张产品、服务与用户交互的故事板草图，该草图是一个图文兼备的交互概念图。无论是图中的视觉元素还是文字信息都可以用于流程和评估产品和服务的设计概念。

④ 主要流程

步骤1：根据用户旅程图和人物角色，明确故事要表达的信息。

步骤2：依照故事发展的过程划分场景，以及在场景中进行产品或服务功能的关键点划分。每个关键点绘制一个分镜头，推动故事情节的发展，故事板的故事要求简明扼要。

步骤3：绘制完整的故事板，使用简短的注释为图片信息做补充说明。设计产品或者服务中的独特性，是故事板中的高潮，需要多层次的表述，不要平铺直叙。

⑤ 提示

1. 仔细斟酌分镜头中所使用的镜头景别，镜头景别包含特写、近景、中景、全景、远景，镜头可以通过摇、移、推、拉等来表现。

2. 运用故事板能帮助设计师与协同设计者进行有效沟通。

3. 故事板的具体应用过程中可能会受一些手绘能力的限制。大家可以尝试做一下，画得丑一点没关系，只要能表达清楚关键任务场景就可以了。

⑥ 案例

西雅图儿童医院故事板（图2-112）

这是一个插画形式的故事板案例，用于支持在员工内部会议期间对流程的解释，并支持将服务传达给最终用户，解释医院将如何照顾他。这个流程图还特别描述了围绕儿童手术的复杂、可怕的过程，在医疗中心接受治疗的儿童的家庭将会体验到什么。

故事板解释了他们的空间序位：病人需通过四个步骤到达手术室，这是体验的中间部分，手术结束后还有四个步骤。每个动作、步骤都利用两个层级的信息加以说明和支持，一个由插图给出，标示出哪里是等候的时间、计划的时间或者和医护人员互动的时刻，另一个是由文本表述。

儿童医院营销副总裁 David Perry 说："通过 XPLANE 的咨询会议，可以清楚看到我们希望在医疗中心与病患家庭之间建立清晰沟通的九个关键步骤。我们认识到让孩子接受手术对于病患家庭来说是一种影响终生的体验，我们希望尽一切努力促进他们安心并理解，我们觉得这张图有助于实现这一目标。"

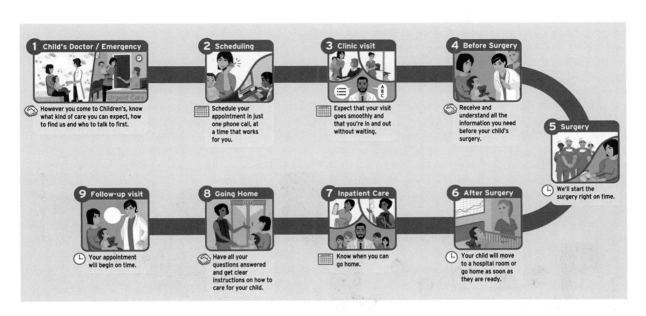

图 2-112　西雅图儿童医院流程图故事板（图片来源：网络）

4）服务演出（Service Staging）

① 什么是服务演出

基于服务蓝图，进行服务演出设计。服务演出由设计团队、员工或甚至加入用户，以类似戏剧排练的方式，一起进行各种情境与服务原型的整体演练。这些参与者会依据团队成员在整体演练中本身的体验和经历，对新服务提出其中存在的问题（图 2-113、图 2-114）。

② 何时使用此方法

服务演出是动态学习方式，能够调动设计者的情感融入设计流程中，让设计团队成员能关注内在的细节及其身体语言，而这两者正是深入了解服务所存在的真实环境的不可或缺的重点。在类似的情境中，扮演者扮演各种不同的角色，也能帮助设计者在演出过程中，建立对这种角色的同理心。

③ 如何使用此方法

首先，确定各个角色需要完成的任务。其次，服务演出的场景可以从情境调研、故事板、场景描述中获取。最后，对演出者的走位和摄像机调度做简单的设计，确保参与演出者的表演被完全记录下来。

④ 主要流程

步骤 1：建立一个安全空间，参与者能够在舒适、开放的心情下完全融入到演练。

步骤 2：根据剧情需要，制作表演道具。

步骤 3：和体验者说明角色以及所需完成的任务。

步骤 4：选择适当的位置摆放摄像机，便于后期讨论和发现问题。

步骤 5：对表演进行记录，比如，"用户和产品的交互方式很优雅"将这些触点交互联系到服务设计中的各种属性上，按需修改设计。

⑤ 提示

1. 和表演者详细说明道具使用的事件以及使用的过程。

2. 表演尽可能用行为方式表达出来，避免过多使用语言对话。

3. 记录片的表达技巧是服务演出的极好参考资料。

4. 演出者的体验非常重要，因此演出者对人物角色的设定以及需要完成的任务要有清晰的认知。

5. 设计者最好以演出者的身份加入表演。

6. 镜头语言可参考故事板中的提示。

7. 设计师作为观察者时，关注表演者的行为，而非语言。

图 2-113　通过方案展示、角色扮演、服务演出等进行服务原型演练
（图片来源：米兰理工大学设计团队（左）/赵凌楠、叶梦媛、庄晴骋、吴璐雯（右））

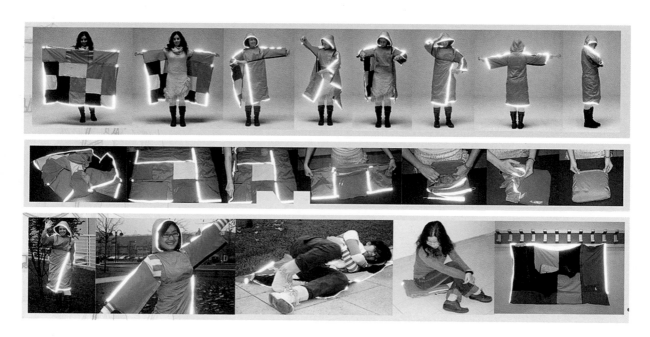

图 2-114　服务原型演示（图片来源：Alice、Caterina、Jun Ling、Xing Liu）

5）视频陈述（Video Telling）

① 什么是视频陈述

通过将场景、人物、交互行为、感官体验等元素混合制成影片，充分展现产品、服务在未来特定场景中的使用细节（图2-115）。视频陈述法是展现产品和服务特点，产品、服务流程之间交互关系，提升用户体验的重要而有效的方法，在服务设计领域得到广泛应用。

② 何时使用此方法

在设计项目展示和交付阶段使用。

③ 如何使用此方法

在需要将未来产品设计和服务的完整体验进行展示的课题项目中，视频陈述方法是非常有效、生动的传播形式。制作短视频需要运用各种特殊媒体与设备，而且是一个重复迭代的过程，通过场景描述和故事板、电影脚本拍摄、剪辑、配音、合成、制作一系列的动作完成。这些设计制作将不断挑战设计师在未来场景中构架故事、展现产品和服务概念、传递设计价值的综合能力。

④ 主要流程

步骤1：准确定义视频目的，确定视频"语言"（假设参考、风格等），陈述内容。

步骤2：制作小脚本和/或故事板，可能制作一个分镜头列表。

步骤3：确定要使用的技术（动作影像、拍摄、停止动作等）。

步骤4：列出道具和材料。例如，要设置的小场景、要生成的灯光、演员和拍摄地点选择等。

步骤5：制片，拍摄影片。

步骤6：后期制作，对原片进行编辑、配音、合成和添加特效等。

⑤ 提示

1. 首先要构思清楚讲述的故事到底是什么？基于何种目的？

2. 思考清楚该产品或服务的独特吸引力是什么？

3. 具备哪些资源和技能？

4. 短视频表达的重点是什么？是产品特点、使用情境、服务流程还是用户体验？

5. 谨慎选择背景音乐，因为音乐会影响观众的情绪。

6. 记录使用者的面部特写，展示用户情绪与体验。

7. 不要轻视影片结尾，这是影片留给观众的最后印象。

8. 不要忘了在片尾展示演职人员名单。

图2-115 Leafover 视频演示（设计者：庄晴骋、赵凌楠、叶梦媛、吴璐雯）

（3）案例

"Punti Verziere"是米兰在地农产品直供的服务项目，系统将农户和城市居民的需求联系在一起，实现利益共享，确保了农产品从地面到餐桌的新鲜、便捷。图 2-116 为服务交付的物理原型和数字原型，图 2-117 为触点交互故事板。

图 2-116　农夫市场项目的物理、数字原型设计（图片来源：[意] Anna Meroni、Ezio Manzini/ 意大利米兰理工大学）

图 2-117　农夫市场项目的触点交互故事板（图片来源：[意] Anna Meroni、Ezio Manzini/ 意大利米兰理工大学）

03

第 3 章　课程资源导航

第 3 章　课程资源导航

本章节由服务设计相关优秀案例、服务设计相关的一些工具类模板和服务设计相关网站、图书类参考资源三部分内容组成。

3.1　优秀案例

服务设计相关优秀案例部分主要由两块内容构成，一是服务设计课程教学中比较典型、优秀的学生作业，二是已经运行和实施的服务设计优秀实践案例成果。

3.1.1　服务设计课程教学案例

（1）设计案例一：城市果园（意大利米兰理工大学）

该案例的设计主题是"农业与城市——如何支持城市种植者"。随着今天城市的不断扩张，种植的空间在被不断压缩，但在我们身边还是有很多人始终向往着传统的可持续的生活方式，他们希望可以亲近自然，种植健康的食物，在农田中享受和土地亲和带来的快乐。但这些城市居民与专职的农民不一样，他们更看重的是种植的体验，而非种植所产出的成果。因此他们需要通过更进一步的服务来获取农业知识和体验。

"城市果园"服务设计的理念是通过帮助和倡导米兰市民在城市果园里种植水果来传播种植知识以及绿色生活方式，设计愿景是让我们的城市变成一个果园，让市民们可以聚集在一起享受收获的甜蜜与快乐。市民们通过线上和线下的平台买到果树种子和小苗，去网站上下载教程，去线下参加活动认识志同道合的朋友，在 App 上用户可以标记并定位城市中种植的果树，从而来和其他用户实现自主交互。图 3-1 至图 3-17"城市果园"项目的设计者：王 莹、何 写、Giorgio Galanti、Alberto Maggian。

图 3-1　"城市果园"海报

图 3-2　"城市果园"服务定义 1

图 3-3　"城市果园"服务定义 2

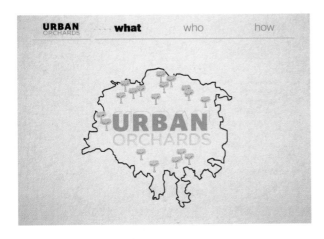

图 3-4　"城市果园"服务图像

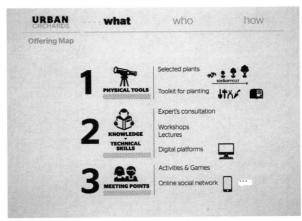

图 3-5　"城市果园"服务供给图 1

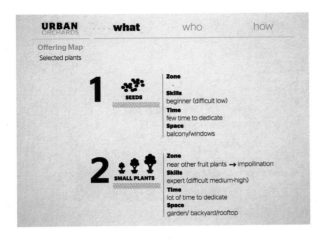

图 3-6　"城市果园"服务供给图 2

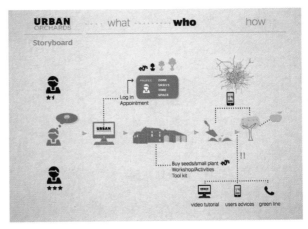

图 3-7　"城市果园"故事板

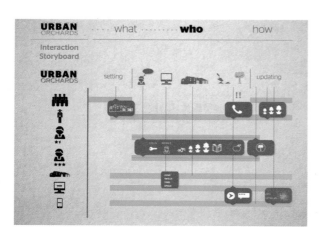

图 3-8 "城市果园"交互故事板

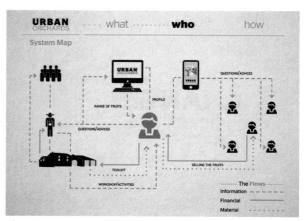

图 3-9 "城市果园"服务系统图

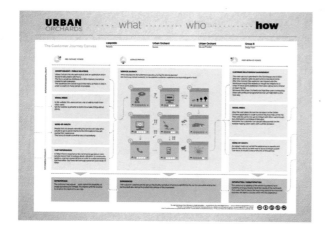

图 3-10 "城市果园"用户旅程图

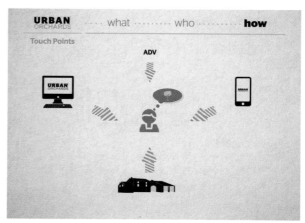

图 3-11 "城市果园"服务触点

图 3-12 "城市果园"服务宣传

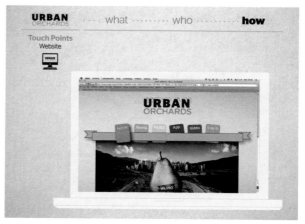

图 3-13 "城市果园"服务网站 1

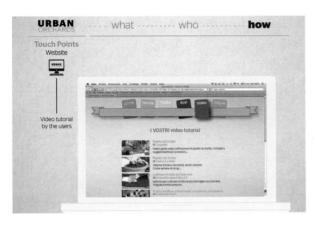

图 3-14 "城市果园"服务网站 2

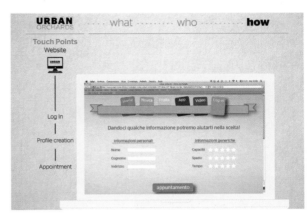

图 3-15 "城市果园"服务网站 3

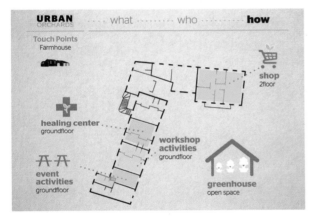

图 3-16 "城市果园"农场空间环境规划

图 3-17 "城市果园"服务 App

（2）设计案例二：小儿哮喘患者的医疗服务设计（美国伊利诺伊理工大学）

哮喘是一种致命的疾病，生活在芝加哥的非洲裔美国儿童患哮喘的比例很高，通常死于哮喘发作的患儿是白人患儿的 8 倍，在洪堡公园（Humboldt Park）以西班牙裔为主的芝加哥社区，41%的儿童患有哮喘。由此对于患儿家庭来说，急诊室的出院体验和随附的患者指南对孩子的健康至关重要，而现有的出院协议依赖于复杂信息的口头传递和 5～15 页用医学术语书写的内容。面对这一情况，由 13 家芝加哥机构（包括 6 家医院）和 IIT 设计学院教学团队合作开展了针对小儿哮喘患者的医疗服务设计，最终提出三套服务设计方案，并将通过测试比较三种哮喘干预措施对医疗保健结果的影响。

设计团队知道面对急诊室（Emergency Room，简称 ER）的混乱环境是很容易想出改善患者体验的想法的，然而，在紧急医学的高风险世界中，仅仅"一个好主意"是远远不够的。由于知道急诊室的每一次微小变化都可能影响并危及患者的生命，因此 ER 工作人员需要确凿的证据有效应对这一挑战。这里介绍的医疗服务设计是三种干预措施之一，IIT 设计学院的团队在七个月的时间内对 28 名参与者进行了 38 次用户访谈，与五个不同的利益相关者群体进行了三轮合作设计：ER 医生、ER 护士、ER 护士管理员、初级保健医生和哮喘儿童的照顾者。对初级保健诊所、哮喘专科诊所和一个医疗呼叫中心以及所有 6 个参与的急诊室进行了观察。在采访中，设计团队采用角色扮演方法演示以便更好地了解患者旅程和临床医生的诊疗过程，通过参与者活动到 9 名哮喘患儿的家中进行访谈，以获得有关其哮喘旅程，急诊室经验和对环境触发因素的更深入反应。

通过对这些访谈数据的梳理和研究，设计团队开发了三个概念：以药物为中心的概念，针对儿童和低识字人群的视觉概念，以及包含 QR 码以便于病患访问数字资源的概念。设计概念使用原型设计，通过利益相关者测试进行迭代循环，最终确定了每种方法的最有效元素，并将这些组合成一套工具。在此基础上又经过一轮额外的联合设计访谈对该工具进行了改进，以确保满足所有利益相关者的需求。在这个案例中设计团队从以患者为中心的观点转变为促进各利益相关者达到平衡的观点，重点关注急诊室中的所有利益相关者的诉求，以及通过服务如何支持他们的所有需求。图 3-18 至图 3-39 展现了小儿哮喘患者医疗服务设计的设计过程，本案的设计者为：Paula Falco 、Tara Flippin 、Sarah Norell 、Jaime Rivera 、Kim Erwin 、Tom MacTavish。

图 3-18 "小儿哮喘"医疗服务背景介绍

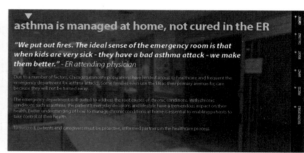

图 3-19 "小儿哮喘"医疗服务介绍 1

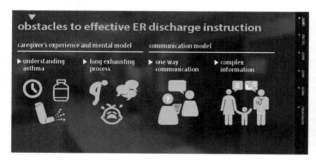

图 3-20 "小儿哮喘"医疗服务介绍 2

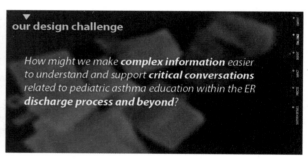

图 3-21 "小儿哮喘"医疗服务设计挑战

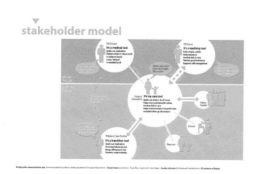

图 3-22 "小儿哮喘"医疗服务利益相关者模型

图 3-23 "小儿哮喘"医疗服务研究要点

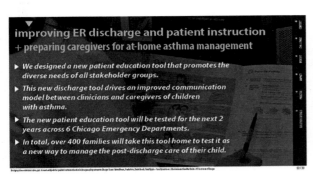

图 3-24 "小儿哮喘"医疗服务描述

图 3-25 "小儿哮喘"医疗服务问题分析 1

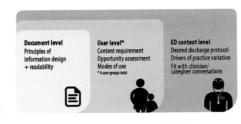

图 3-26 "小儿哮喘"医疗服务问题分析 2

图 3-27 "小儿哮喘"医疗服务新触点介绍

图 3-28 "小儿哮喘"医疗服务价值分析

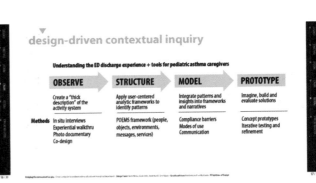

图 3-29 "小儿哮喘"医疗服务设计流程

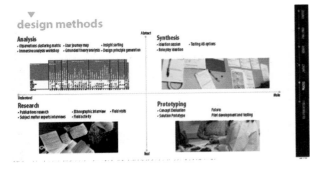

图 3-30 "小儿哮喘"医疗服务工具运用

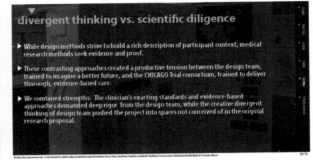

图 3-31 "小儿哮喘"医疗服务设计方法应用

图 3-32 "小儿哮喘"医疗服务共同设计 1

图 3-33 "小儿哮喘"医疗服务共同设计 2

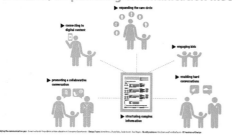

图 3-34 "小儿哮喘"医疗服务模型

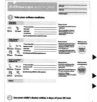

图 3-35 "小儿哮喘"医疗服务描述 1

图 3-36 "小儿哮喘"医疗服务描述 2

图 3-37 "小儿哮喘"医疗服务描述 3

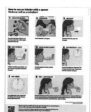

图 3-38 "小儿哮喘"医疗服务描述 4

图 3-39 "小儿哮喘"医疗服务描述 5

（3）设计案例三：中风病人家庭康复服务设计（江南大学）

中国有着庞大的人口基数及日趋严重的老龄化问题，在全球范围内是个脑卒中大国，发病率很高，同时也成为我国成年人致死和致残的首要原因。为了改善中风病人的后续康复治疗，给中风病人家庭提供更为方便、快捷的渠道以获得专业的康复指导计划，本案提出通过构建由在线康复平台与专业医疗资源合作的服务系统，为脑卒中患者的康复提供科学的康复方案和生活指导。同时该服务系统还帮助患者克服消极情绪，鼓励病患坚持治疗，以帮助患者适应新的生活，提高生存质量。

该服务系统的核心功能包括康复规划和康复指导两部分，其功能分为运动计划、药理计划、饮食计划，同时配合专业资源对接在线指导、现场服务等功能，以帮助患者及其家属更好地坚持康复。服务系统中还设置了独特的赎回式奖励机制，鼓励病患积极参与到更优质的服务工作中。图3-40至图3-57的设计者为：蒋昕恒、何顺利、王崃清、苑垚、林嘉兰、范海德，指导：巩淼森、Barbara Wong。

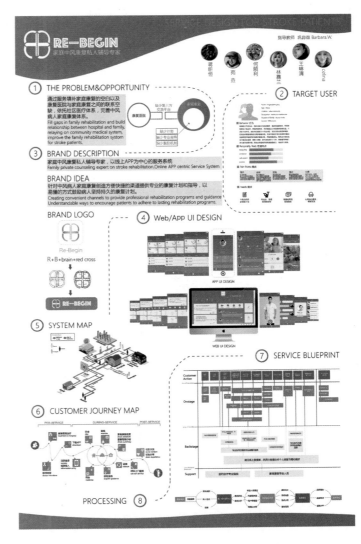

图3-40 "中风病人康复计划"案例展示版面

图3-41 "中风病人康复计划"案例

图3-42 "中风病人康复计划"案例利益相关者关系图

图 3-43 "中风病人康复计划"案例用户画像

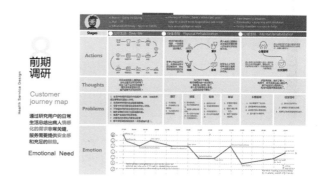

图 3-44 "中风病人康复计划"案例用户旅程图

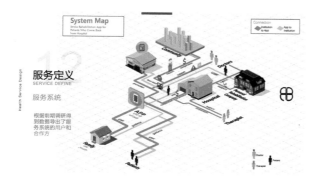

图 3-45 "中风病人康复计划"案例 SWOT 分析

图 3-46 "中风病人康复计划"案例服务定义

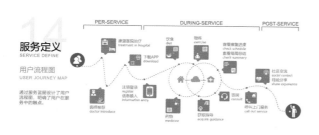

图 3-47 "中风病人康复计划"案例服务系统图

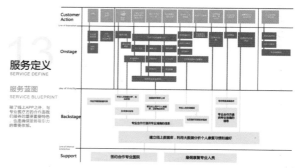

图 3-48 "中风病人康复计划"案例服务蓝图

图 3-49 "中风病人康复计划"案例用户服务流程图

图 3-50 "中风病人康复计划"案例线上服务框架图

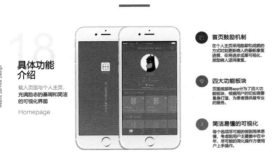

图 3-51 "中风病人康复计划"案例 App 功能介绍

图 3-52 "中风病人康复计划"案例 App1

图 3-53 "中风病人康复计划"案例 App2

图 3-54 "中风病人康复计划"案例 App3

图 3-55 "中风病人康复计划"案例网站

图 3-56 "中风病人康复计划"案例网站功能结构图

图 3-57 "中风病人康复计划"案例故事板

（4）设计案例四：农村移动医疗产品服务系统设计（湖南大学）

该案主要是针对中国农村广大农民的医疗问题所提出的改善型的医疗保障服务。在中国，虽然三级基层医疗机构（县医院、乡镇和村卫生院）覆盖范围已较广，但农民获取优质医疗服务较为困难，且农民在医疗方面的个人花销也高于城市。该项服务提出通过设置专业连锁药房作为基层医疗机构的补充，通过线上线下担当起向农民提供专业医疗信息咨询、常规备药、预约就医等服务，向医院和政府医疗机构传递病患数据等作用，全面改善和提升农民的医疗服务水平和医疗资源的合理分配。图3-58 至图 3-77 农村移动医疗产品服务系统的设计者为：陈卓灏，指导：张军。

图 3-58　农村移动医疗服务设计案例

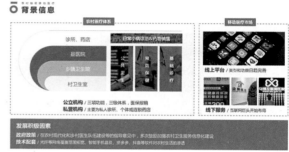

图 3-59　农村移动医疗服务设计背景信息

图 3-60　农村移动医疗服务设计用户调研 1

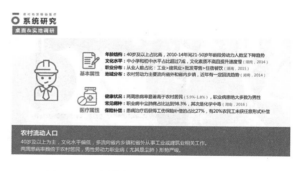

图 3-61　农村移动医疗服务设计用户调研 2

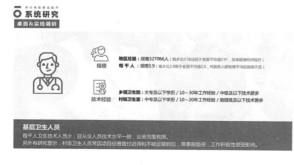

图 3-62　农村移动医疗服务设计医护人员调研

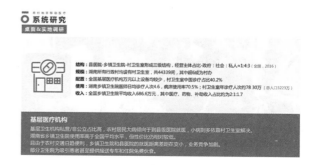

图 3-63　农村移动医疗服务设计医疗机构调研

图 3-64　农村移动医疗服务设计相关案例研究

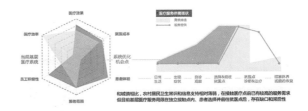

图 3-65　农村移动医疗服务设计现状和机会点分析

图 3-66　农村移动医疗服务设计功能推演

图 3-67　农村移动医疗服务设计动机矩阵

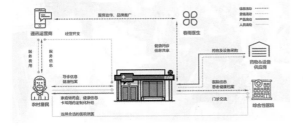

图 3-68　农村移动医疗服务设计系统图

图 3-69　农村移动医疗服务设计蓝图

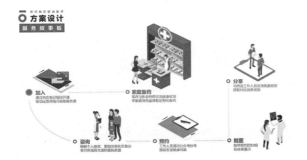

图 3-70　农村移动医疗服务设计故事板

图 3-71　农村移动医疗服务设计标识系统

图 3-72　农村移动医疗服务设计触点——药盒设计

图 3-73　农村移动医疗服务设计触点——就医卡设计

图 3-74　农村移动医疗服务设计触点——空间设计 1

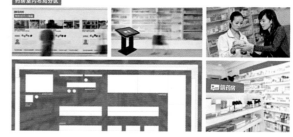

图 3-75　农村移动医疗服务设计接触点——空间设计 2

图 3-76　农村移动医疗服务设计触点——流程可视化

图 3-77　农村移动医疗服务设计展示

（5）设计案例五："Share to Grow"社区厨余处理转化服务系统设计（杭州电子科技大学）

本案主题为"Cooking 2025"老板电器·创意未来厨房设计，是一个为期十二天的校企联合国际设计工作坊项目。来自六所高校的学生们组成 11 个设计团队，围绕"食物、烹饪、营养、健康、分享、智能、循环"等关键因素，重新定义"产品—环境—使用者"之间的关系，构建未来厨房的生活方式和生活场景。

"Share to Grow"设计小组通过调研发现城市人口的集聚所带来的消费膨胀，造成城市居民对食物的巨大需求和消耗，中国每年产生的 4 亿吨垃圾中有 60% 为厨余垃圾，对整个生态系统造成了极大的压力。基于此痛点，设计小组提出了社区中央厨余处理站和家庭厨余处理机整合服务系统构架，将设计视点聚焦于社区可持续发展和循环经济，致力于实现将厨余垃圾最大限度在地转化为可用肥料，通过邻里协作共同参与到收集、发酵、堆肥、种植、收获的全系统，达到实现居民共建共享"社区花园"，重塑社区邻里关系的愿景。提案中家庭产生的厨余垃圾由家用厨余处理机和社区中央处理装置收集、转化为肥料，肥料一部分用于居民自用或社区公共立体花园种植，更多的则移交给政府或者农场。农场产生的部分作物和作物幼苗、种子返还给社区居民以实现绿色种植可持续循环。图 3-78 至图 3-87 的设计者为：乐可欣、车锴来、韩贝拉、林耿旭、陆晓辉，指导：Vladimir Bozanic、Pietro Lenzerini、周一苇、刘星、张祥泉、张银锋。

图 3-78 "Share to Grow"服务系统图

图 3-79 "Share to Grow"循环系统

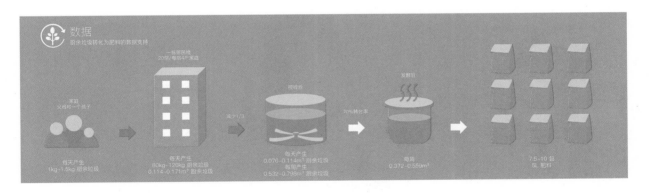

图 3-80 "Share to Grow"厨余转化服务系统数据分析

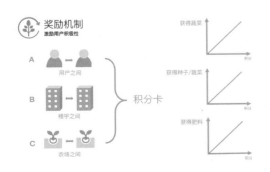

图 3-81 "Share to Grow"服务系统奖励机制

图 3-82 "Share to Grow"服务系统触点设计

图 3-83 "Share to Grow"服务系统触点功能展示

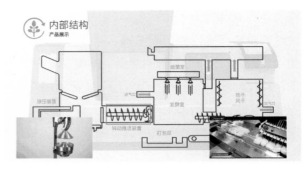

图 3-84 "Share to Grow"服务系统触点工作示意

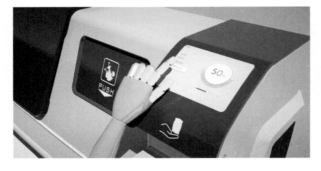

图 3-85 "Share to Grow"服务系统触点细节设计 1

图 3-86 "Share to Grow"服务系统触点细节设计 2

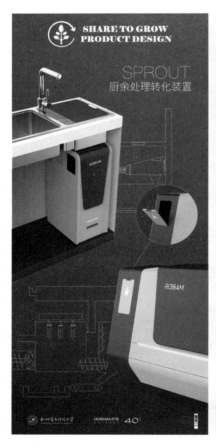

图 3-87 "Share to Grow"服务系统展示版面

3.1.2　服务设计优秀实践案例分析

（1）设计案例一：embrace——香港少数民族医疗体验服务设计（中国香港）

中国香港是一个多种族、多民族共同生活的城市，除本地居民、大陆居民外，还有不少来自于菲律宾，马来西亚等东南亚国家和中东国家的人。他们通常因为语言、沟通渠道、时间效率等问题导致在就医过程中出现诸多问题和困难，医疗体验很不友好。针对这一情况，香港新界西医院管理局博爱医院发起了一项合作计划，该项目旨在通过设计寻求改善少数民族医疗体验和服务的机会。

"embrace——香港少数民族医疗体验服务设计"从最初的研究和分析阶段发展到创意生成和概念执行。在整个设计推进及迭代过程中，设计团队通过流程映射了解目标群体面临的问题和困难，明确见解并相应地提出了切实可行的解决方案。通过典型的用户旅程所呈现出的问题包括：1）少数民族患者获取医疗信息的来源不畅，不热衷于阅读也不善于从本地人那里获得新的资讯。2）就医过程过度依赖朋友或家人的语言翻译和间接沟通，从疾病表述到医务人员对病患的评估，极易因不准确或误解而导致就医风险，特别是由在当地学校学习的孩子担当翻译的情况下。3）就医过程的 2/3 时间用于无谓的等待，就诊效率低下。建立在对这些问题深刻洞察之上所提出的"embrace"是一个创新的服务系统，旨在为少数民族患者提供舒适的医疗体验。"embrace"包括数字设备、问答工具海报和宣传海报，使用户可以在不依赖口译员的情况下传达自己的健康状况，克服语言障碍，使少数民族患者建立起表达和控制旅程的信心，同时医生也能传递准确的医疗信息和指导，并合理利用等待时间建立持续的接触。图 3-88 至图 3-101 来自于 embrace 服务设计项目（http://jacksonchoi.com），设计者：Jackson Choi。

图 3-88　embrace—EM 医疗体验服务 logo

图 3-89　embrace 项目原医疗环境

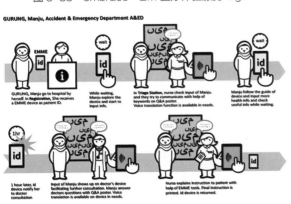

图 3-90　embrace 服务项目故事板

图 3-91　embrace 服务项目使用场景

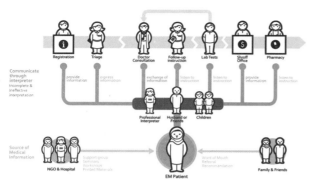

图 3-92 embrace 项目原诊疗过程用户旅程图

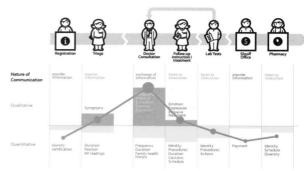

图 3-93 embrace 项目原诊疗过程沟通问题分析

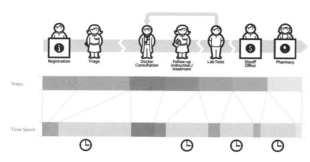

图 3-94 embrace 项目原诊疗过程时间问题分析

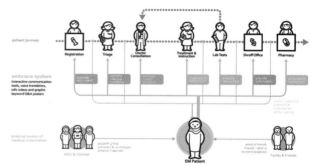

图 3-95 embrace 服务项目交互模型

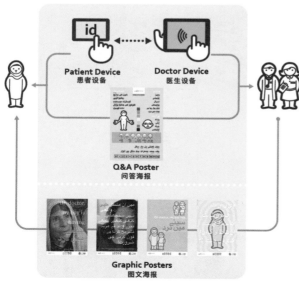

图 3-96 embrace 服务项目系统图

图 3-97 embrace 服务项目推进计划

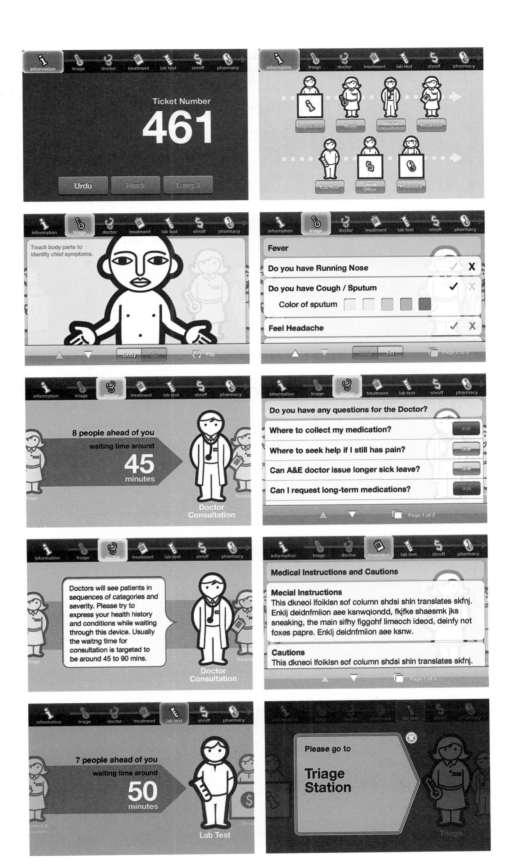

图 3-98 embrace 服务项目患者设备的用户界面

图 3-99　embrace 服务项目医务人员设备的用户界面

图 3-100　embrace 服务项目"问答海报"　　　　　图 3-101　embrace 服务项目"宣传海报"

　　图 3-98、图 3-99 分别为"embrace"服务项目患者数字设备端和医务人员数字设备端的使用界面。用户界面的设计采用患者实际的就医旅程作为导航，引导用户沿患者旅程输入必要的健康信息，界面栏包括信息、分诊、咨询、治疗、测试、配药等项目。该用户界面设计的语言采用患者的母语进行编写，患者输入的信息将上传到系统中，并被自动翻译成英语显示在医生的数字设备上。设备中的文本语音功能和语音翻译功能也可用于医患对话，便于深入诊断。

　　图 3-100 的问答海报由实验室测试、过敏、疼痛量表、数字、持续时间和身体图表等关键词组成，用于基本医学信息的表达。图 3-101 的宣传海报解读了患者所关注和担忧的医疗方面的问题，这表明了一个充满爱心的医疗服务提供者的同理心。

（2）设计案例二：THE HUB（意大利米兰）

THE HUB 是位于意大利米兰的一个共享创业园，创业公司可以租一小块区域办公，并且可以和其他的团队一起共享公共区域搞活动。图 3-102 至图 3-107 来源为：[意]Anna Meroni、Ezio Manzini。

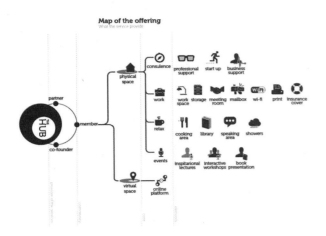

图 3-102　HUB 共享创业园服务供给图

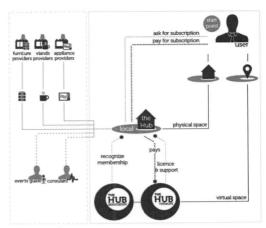

图 3-103　HUB 共享创业园服务系统图

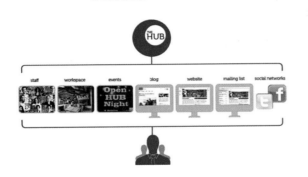

图 3-104　HUB 共享创业园触点地图

图 3-105　HUB 共享创业园网站主页

图 3-106　HUB 共享创业园交互故事板

图 3-107　HUB 共享创业园活动场景

（3）设计案例三：伦敦奥运会服务设计（英国）

这是一个有趣的案例，非常生动地诠释了服务设计是一个迭代性过程。

伦敦是 2012 年夏季奥运会的举办地，当奥运会来临之际，伦敦奥运会和残奥会的组织者很清楚一件事，奥运会第一天并不会完全顺利，或是第二天，甚至第三天。事实上，他们也早就为可能会出错的事做好了万全准备（事后证明他们确实做到了），并且明白在过程中持续改进观众体验的价值。为此，伦敦奥组委专门成立了为观众设计和提供服务及体验的研究团队，他们的职责之一就是在比赛日开始之前进行设计，并在奥运期间持续跟踪、改善服务，以达到持续大规模改进服务和提升观众体验的目的。

服务研究团队创建了一个简单、可重复的流程，以吸取整个奥运会的正面和负面的经验，这些经验可以与场馆及其他职能团队分享，以帮助他们向 1200 万奥运观众提供更好的服务。

1. 听

研究团队初期按计划设置了每天的调查问卷，其中一些是在项目结束后离开场馆时发放给观众，但更多的是通过电子邮件发送的。这项研究结果帮助团队生成了一个热点地图，显示了各个场馆的主要问题在哪里，以及各个场馆存在的通病，场馆与场馆之间的良性竞争看起来很棒！

定性和定量分析：场馆内及周围观众的观察结果与场地团队的常识相结合，帮助研究团队更准确地定义问题是什么，以及问题发生的原因。

2. 学

由于奥运会的运动和场馆数据庞大，研究团队经过每天的分析和推理为高层创建一份高级别的总结报告是非常重要的，另外，涉及场馆和职能部门团队的一些相关细节也可以帮助他们做出改进。这里的日常挑战和对观众体验的持续威胁（洞察力）与实际可行的改进和缓解措施（服务杠杆）相匹配，从而创造出一系列研究团队认为会产生影响的行动。

日常报告：提交给主要运营中心的每日报告还包括分数、评分和排名，以帮助确定高水平和低水平运动员，以及整个奥运会的整体趋势。事实上，当英国代表团获得奖牌，并且天气情况达到最佳状态时，他们的得分最高，这证明有时候经验更为重要。1）持续改进流程的工作每天都在进行，多个团队创建数据、分析和报告，最后采取行动改善观众体验。2）每天，利用出口处访谈和关于场馆内外观众体验的在线调查问卷中的数据，绘制显示相对较高和较低表现的热点地图。3）通过分析每个运动场馆和功能区的详细研究结果而创建的每日报告，帮助主运营中心和高层快速了解我们的表现。4）一个简单的单词"cloud"是根据对某个问卷提示的回答创建的，它让我们一眼就能看到观众的真实感受。

3. 行动

在与负责实施的地面团队共享之前，包括操作细节在内的实际行动经过了比赛场馆和 FA 领导的优化以及优先排序。这些行动包括改变已经存在的内容，例如，调整一线员工行为、额外的喷泉以及全新的附加设施（支持新的"日通票"的临时数字标牌，或为残奥会设计和建造吉祥物之家）。

早期原型：实际中大多数团队对他们要做的更改都做了很好的准备，每个团队之前都运行过一个测试事件（一个服务设计演讲中的原型），并且他们习惯于学习和改进。然而有一些团队不太能够做出需要的改变来提高他们的满意度得分，尤其是餐饮团队。

4. 改进

团队中的现实主义和实用主义意识起到了作用，因为事情从一开始就"并不会完美"。这种健康的态度意味着研究团队能够专注于从开幕式到闭幕式，从奥运会到残奥会的整个过程中的持续改进。在许多时候，奥运会被视为残奥会的热身，而残奥会也确实从几周前奥运会的经验教训中获益。

观众满意度（达到或超过预期）从第一天的 90% 上升到比赛结束时的 96%，负责观众体验的团队不能将它视作自己的成就，就算到最后一天观众们在那里为运动员们喝彩，并构成"地球上最伟大的表演"之时也不能不管服务体系设计。如果他们不得不排队进入场馆或为临时排队，这并不是那么糟糕，因为观众，特别是那些习惯于大规模活动的观众，都为此做好了准备，这毕竟是奥运会。

关键收获：1）接受服务和体验永远不会完美但可以不断改进是个事实。每一天顾客都会得到他们的第一印象和持久的印象，不要错过改变现状的机会。2）抽空亲临一线去观看和聆听。成为面向客户的团队的一部分，哪怕只是一天。知道提供服务是什么感觉，使用户体验成为每个人应尽的责任。3）定义一个截止日期——创造一种紧迫感、专注感和真正的目标。我们经常被提醒还有多少"天"开始，直到赛事开幕。这最初是令人振奋的，但后来又令人恐惧！4）一切都可以回到最初的模样，即使是奥运会这样的体育赛事。5）如果你有机会从事你梦想中的项目、事业或工作，那就去做吧。放弃你正在做的，去做你不会后悔的。

3.2　服务设计工具类模板

3.2.1　斯坦福设计思维工具卡片

斯坦福设计学院的设计思维卡片由 90 张小卡片组成，讲述了设计思维五步法的内容、方法和具体使用流程。资源链接为：https://static1.squarespace.com/static/57c6b79629687fde090a0fdd/t/5b19b2f2aa4a99e99b26b6bb/1528410876119/dschool_bootleg_deck_2018_final_sm+%282%29.pdf（图 3-108）。

图 3-108　设计思维卡片

3.2.2 AT-ONE 工具包

工具模板（图 3-109~ 图 3-116）在网站 http://www.service-innovation.org 中有详细介绍。

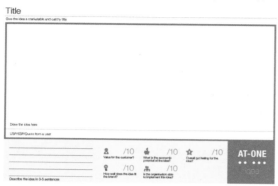

图 3-109 AT-ONE 的 idea 模板

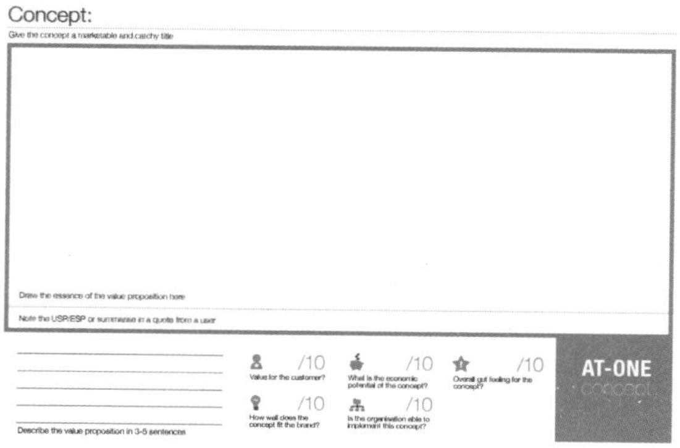

图 3-110 AT-ONE 的 Concept 模板

在这里需画出价值主张的本质，请注意模板中对于用户的 USP（Unique Selling Proposition/ 独特的销售主张）/ESP（Emotional Selling Proposition/ 情感销售主张）或摘要部分的表达。

图 3-111 AT-ONE 的概念总结模板

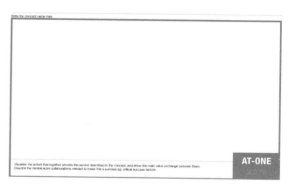

图 3-112 AT-ONE 的参与者模板

绘制服务行程。对于相关的服务过程的每一步进行可视化：在此步骤中协作提供服务的参与者、使用的主要接触点、每个步骤中的服务供应、所满足的需求以及客户将获得的体验。

将共同提供概念中所描述的服务的参与者可视化，并显示他们之间的主要价值交换。描述服务成功所需协作的核心参与者，例如：关键成功因素。

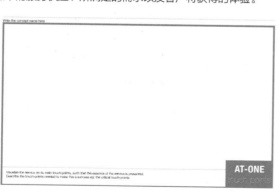

图 3-113 AT-ONE 的接触点模板

图 3-114 AT-ONE 的服务供应模板

将服务的主要接触点可视化，从而呈现服务的本质。描述服务成功所需的接触点，例如：关键接触点。

将服务可视化，以呈现服务提供的本质、精髓。展示相关功能性、情感性、自我认同和理想主义的好处。简短描述服务供应及服务价值，注意它与公司品牌战略的契合。

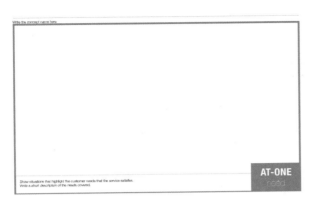

图 3-115　AT-ONE 的用户需求模板

图 3-116　AT-ONE 的用户体验模板

显示能凸显客户服务满意度的使用情境，简要描述所涵盖的需求。

举例说明客户在使用服务时的预期体验，描述客户体验以及客户会对其他客户如何评价该体验。

图 3-117 为 AT-ONE 工具包提供的触点游戏卡片，用户通过触点卡片体验服务。设计者的工作是致力于确保多个触点之间的一致体验，通过新的触点设计进行创新，并为单个触点的客户体验进行设计。卡片游戏可以帮助设计者在设计过程中思考接触点，在预备的触点卡片外也提供了空白卡片，可以供设计者绘制新的服务触点。触点游戏简单、有趣，可以帮助设计者使用触点联系方法考虑通过不同的路径生成创新的服务概念。

图 3-117　AT-ONE 触点游戏卡片

3.2.3　Service Design Toolkit 工具包

　　Service Design Toolkit 是一组服务设计工具模板（图 3-118），在网站 http://servicedesigntoolkit.com 中有详细介绍。它为服务设计团队提供了基本的工具包，以便在服务设计开发过程中更好地了解客户，了解其需求和服务难点。

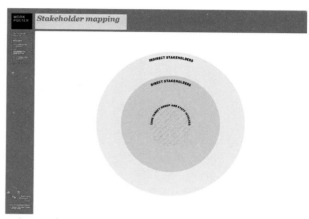

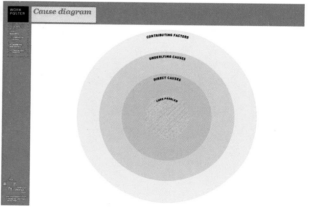

图 3-118　Service Design Toolkit 工具包

3.3 网络资源导航

3.3.1 网站类学习资源

1) https://www.service-design-network.org（2004 年 KISD、卡耐基·梅隆大学、瑞典林雪平大学、米兰理工大学和 Domus 设计学院共同创立国际服务设计联盟—Service Design Network，简称 SDN，是全球服务设计界专家、业者开展学术交流、经验分享、案例学习的核心网络与平台。目前在全球有 20 多家分支机构，其官网介绍很多服务设计实践案例、服务设计竞赛作品、服务设计杂志。）

2) http://www.servicedesigntools.org（介绍服务设计方法、工具及其使用案例，本网站内容是米兰理工大学和多莫斯学院的合作框架推动下的联合研究成果。）

3) http://servicedesigntoolkit.com（介绍服务设计方法、工具包模板、服务设计案例。）

4) http://www.service-innovation.org（介绍 AT-ONE 方法、图书，介绍服务设计、服务创新、设计思维及设计战略等相关理论与方法。）

5) https://aho.academia.edu/SimonC（奥斯陆建筑与设计学院交互设计教授 Simon Clatworthy 创建的网站，介绍服务设计相关理论、方法、工具使用等，介绍 AT-ONE 方法、工具模板。）

6) http://toolbox.hyperisland.com（介绍一组由 Hyper Island 策划的设计方法，及应用于创意协作并释放团队或组织潜力的资源工具包，包含详细使用方法和流程。）

7) https://www.strategicdesignscenarios.net（SDS 是一家专注于公共和可持续创新、战略设计、场景构建，与用户共同设计和以社区为中心的方法的设计实验室。它参与了欧盟委员会资助的各种研究项目，研究可持续解决方案和未来生活方式的出现、产品服务系统设计等。网站介绍了相关研究课题、工具使用及大量案例研究。）

8) http://www.sustainable-everyday-project.net（SEP 是专注于可持续设计的开放的独立网络平台，它在联合国环境规划署赞助下举办各种研究活动和教学研讨会，网站展示了来自世界各地的社会创新实例的原创解决方案。）

9) https://id.iit.edu（美国芝加哥伊利诺伊理工大学设计学院官网，包含大量的设计案例研究。）

10) https://dschool.stanford.edu（美国斯坦福设计学院官网）

11) https://www.ideo.org（IDEO 成立于 1991 年，是首个将 "design thinking" 成功应用于商业领域的全球极具影响力的创新设计公司。IDEO 强调为真实的世界而设计，推广以人为本的设计理念，网站介绍了该公司众多的优秀设计案例，涉及商业模式、产品、服务、交互、体验、品牌等领域。）

12) http://www.31volts.com（31Volts 是荷兰的服务设计机构，网站介绍服务设计理论、方法和优秀案例。）

13) https://www.designcouncil.org.uk（英国设计委员会官网，包含大量的设计指南、政策报告、案例研究。）

14) https://www.unleashhk.org（中国香港设计中心官网，介绍设计理论、方法和工具。）

15) http://www.tdc.org.tw（中国台湾设计中心官网，涵盖台湾设计咨询、设计展览、设计年报、设计观点、设计趋势等大量信息。）

16）http://jacksonchoi.com（Jackson Choi 的设计网站，介绍了相关交互设计、服务设计案例。）

17）http://www.desis-network.org（DESIS 网络由意大利米兰理工大学 Ezio Manzini 教授和其研究团队发起，围绕社会创新和可持续设计展开全球的研究、交流及成果发布。）

18）https://www.servicedesignlab.net（新加坡国立大学服务设计实验室，官网介绍相关服务设计项目、方法和工具、出版物等。）

19）https://realtimeboard.com（该网站是一个在线学习制作同理心图、用户体验地图、用户故事地图、商业模式画布等可视化文档的在线工具网站，个人可以免费注册使用，可以导出图片和 PDF 等。）

20）www.woshipm.com（该网站是一个学习、交流、分享平台，平台聚集了一批知名互联网公司从业人员分享设计工具和方法使用案例。）

21）http://www.wikipedia.org（维基百科）

3.3.2　推荐阅读书目

1）《This Is Service Design Thinking》，Wiley Publisher，Marc Stickdorn 等

2）《This Is Service Design Doing》，O'Reilly Media，Marc Stickdorn 等

3）《This Is Service Design Methods》，O'Reilly Media，Marc Stickdorn 等

4）《Design for Services》，Gower，Anna Meroni 等

5）《Sustainable Everyday》，Edizioni Ambiente，Ezio Manzini 等

6）《设计，在人人设计的时代》，北京：电子工业出版社，Ezio Manzini

7）《服务设计与创新实践》，北京：清华大学出版社，Andy Polaine 等

8）《服务设计与创新》，北京：中国建筑工业出版社，王国胜

9）《服务设计概论》，北京：清华大学出版社，李四达等

10）《交互与服务设计》，北京：清华大学出版社，李四达

11）《服务设计—— 界定 语言 工具》，南京：江苏凤凰美术出版社，陈嘉嘉

12）《服务设计基础》，南京：江苏凤凰美术出版社，陈嘉嘉等

13）《设计方法与策略——代尔夫特设计指南》，武汉：华中科技大学出版社，代尔夫特理工大学工业设计工程学院

14）《商业服务设计新生代——优化客户体验实用指南》，北京：中信出版集团，Ben Reason 等

15）《好服务是设计出来的》，北京：东方出版社，石原直

参考文献

[1] （奥）Marc Stickdorn，（德）Jakob Schneider. This Is Service Design Thinking[M]. Wiley Publisher，2011.

[2] （奥）Marc Stickdorn，（德）Markus Hormess，Adam Lawrence，Jakob Schneider. This Is Service Design Doing[M]. O'Reilly Media，2018.

[3] （奥）Marc Stickdorn，（德）Markus Hormess，Adam Lawrence，Jakob Schneider. This Is Service Design Methods[M]. O'Reilly Media，2018.

[4] （荷）Cees van Halen，（意）Carlo Vezzoli，（奥）Robert Wimmer. Methodology for Product Service System Innovation[M]. Koninklijke Van Gorcum，2005.

[5] （意）Anna Meroni，Daniela Sangiorgi. Design for Services[M]. Gower，2011.

[6] （意）Ezio Manzini，（法）Francois Jegou. Sustainable Everyday[M]. Edizioni Ambiente，2003.

[7] （德）Andy Polaine，（挪）Lavrans Lovlie，（英）Ben Reason. 服务设计与创新实践[M]. 王国胜，张盈盈，付美平，赵芳，译. 北京：清华大学出版社，2015.

[8] （意）Ezio Manzini. 设计，在人人设计的时代 [M]. 钟芳，马谨，译. 北京：电子工业出版社，2016.

[9] 王国胜. 服务设计与创新 [M]. 北京：中国建筑工业出版社，2015.

[10] 李四达，丁肇辰. 服务设计概论 [M]. 北京：清华大学出版社，2018.

[11] 李四达. 交互与服务设计 [M]. 北京：清华大学出版社，2017.

[12] 陈嘉嘉，王倩，江加贝. 服务设计基础 [M]. 南京：江苏凤凰美术出版社，2018.

[13] （荷）代尔夫特理工大学工业设计工程学院. 设计方法与策略——代尔夫特设计指南 [M]. 倪裕伟，译. 武汉：华中科技大学出版社，2016.

[14] 辛向阳，曹建中. 定位服务设计 [J]. 包装工程，2018，（18）：43-49.

[15] 辛向阳，王晰. 服务设计中的共同创造和服务体验的不确定性 [J]. 装饰，2018，（4）：74-76.

[16] （意）Gianluca Brugnoli. Connecting the Dots of User Experience[J]. JOURNAL OF INFORMATION ARCHITECTURE，2009，1（1）：6-15.

[17] 薛跃，许长新. 整合产品服务系统——实现循环经济的新途径 [J]. 统计与决策，2006，（12）：118-120.